BÛCHES

撰文

Michel Tanguy

攝影

Fabien Breuil

法國名店蛋糕卷
BÛCHES

20 家名店人氣主廚的經典作品

詳細步驟與技巧
掌握糕點風味組合趨勢

TK

Avant-propos
前言

蛋糕卷（木柴蛋糕）過時了嗎？正好相反，蛋糕卷從未如此新潮。近幾年來，糕點師們有不可思議的驚人創意，讓這款原本在聖誕節享用的糕點非但不過時，而且煥然一新、充滿創意，蛋糕卷有時甚至不再以我們熟知的造型出現。每年年底，專業糕點師樂於自由發揮創意，試圖為老饕們帶來驚喜。因此會跳脫以法式奶油霜覆蓋、以叉齒裝飾，並加上萬年不變的「圓木、柴薪」等形式製作。蛋糕卷變得現代化，甚至打破規則，有時會採用非常獨特的風格，在某些情況下扮演著藝術作品的角色。

蛋糕卷成了糕點師的珍寶，而且仍是法國人聖誕夜不可少的重點。現在確實也沒有人不在年終大餐的最後享用一塊美味的蛋糕卷。因此，為了發揚法國最知名糕點師的多元創意，

在本書中收錄了法國各地名店專業糕點師的食譜。20 位來自布列塔尼（Bretagne）、阿爾薩斯（Alsace）、巴黎、波爾多，或甚至是昂蒂布（Antibes）地區的熱情糕點師，毫不藏私的提供他們的獨家配方。

不論是業餘愛好烘焙者還是資深糕點師，都可透過本書製作他們喜愛糕點師的蛋糕卷，不論簡單或複雜。法國洛里昂（Lorient）皮耶馬希·莫諾（Pièr-Marie Le Moigno）的零陵香豆香草奶油霜焦糖蛋糕卷、Maison Dalloyau 糕點主廚傑若米·戴勒瓦（Jérémy Del Val）的榛果柚子檸檬蛋糕卷、馬賽 Bricoleurs de douceurs 的咖啡帕林內榛果蛋糕卷…，每個人都可輕易找到符合自己專業程度和喜好的蛋糕卷。所有配方都附有精確詳盡的步驟圖解。因此你只需跟著

書中的指示，但務必要備妥適當的工具。

因為製作糕點確實需要基本的設備、專注力和專業知識。為了讓你更容易上手，我們試著用清楚的圖片和文字，為每個動作進行詳盡的解說，並在附錄中解說較技術性詞彙的定義，或較少見材料的說明。因此即使有時皮耶·艾曼（Pierre Hermé）、塞巴斯蒂安·高達（Sébastien Gaudard）或菲力浦·康蒂奇尼（Philippe Conticini）等人的名字可能專業得令人敬畏，但請記住，本書中一切的做法都是為了讓你能夠完成出色的成果。

接下來，唯一要做的就是款待你的家人與好友…

Sommaire
目録

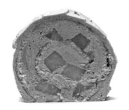

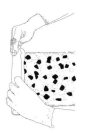

Bûche roulée crème au beurre vanille, fève tonka & caramel

零陵香豆香草奶油霜焦糖蛋糕卷

製作 2 小時 30 分鐘
加熱 8-12 分鐘
冷藏 2 小時
1 天完成

用具
烤盤
刮刀
Rhodoïd 玻璃紙

裝有花嘴的擠花袋
溫度計
電動攪拌機

材料 · **6人份**

超蓬鬆蛋糕卷
le biscuit roulé ultraléger
蛋 150 克（約 3 顆蛋）
蛋黃 60 克（約 3 顆蛋）
糖 140 克（麵糊用 110 克＋打發蛋白用
30 克）
蛋白 90 克（約 3 顆蛋）
T45 麵粉 90 克

零陵香豆香草奶油霜
**la crème au beurre
vanille-tonka**
蛋 60 克（約 1 顆大的蛋）
蛋黃 25 克（約 1 顆大的蛋）
香草莢 1/2 根
零陵香豆 1/2 顆
水 50 克
糖 150 克
膏狀奶油（beurre pommade）300 克

軟焦糖 le caramel mou
焦糖 le caramel
糖 50 克
葡萄糖 30 克
奶油醬 la crème
鮮奶油 110 克
牛乳 30 克
葡萄糖 60 克
奶油 le beurre
奶油 40 克
鹽之花 1 克

最後修飾
布列塔尼酥餅（sablés bretons）碎屑
100 克
防潮糖粉 20 克（或糖粉 10 克＋玉米粉
Maïzena® 10 克）
黑巧克力條

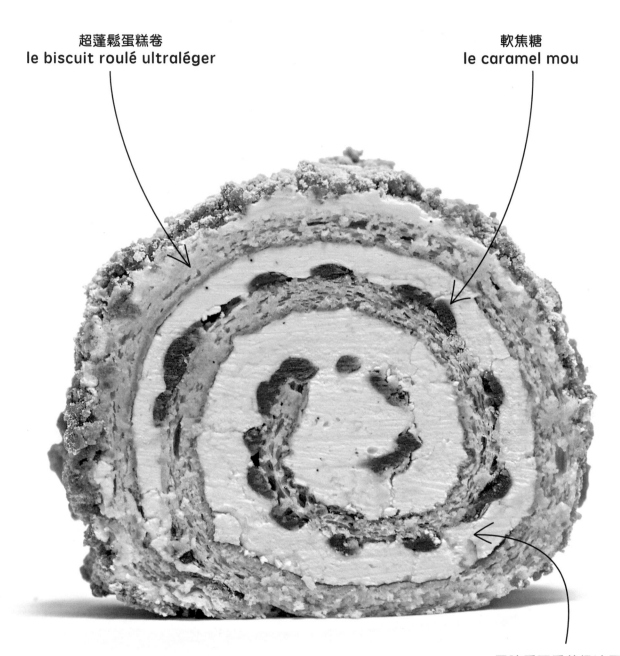

超蓬鬆蛋糕卷
le biscuit roulé ultraléger

軟焦糖
le caramel mou

零陵香豆香草奶油霜
la crème au beurre
vanille-tonka

作品名稱：**傳統木柴蛋糕 3.0**
創作者：**Pièr-Marie Le Moigno** 皮耶馬希·莫諾
Pâtisserie Pièr-Marie，洛里昂

超蓬鬆蛋糕卷

1 在裝有球狀攪拌棒的電動攪拌缸中，將蛋、蛋黃和 110 克的糖攪打至濃稠滑順。

2 將蛋白打發成泡沫狀，同時加入 30 克的糖，讓蛋白霜更緊實。用橡皮刮刀輕輕將一半的打發蛋白霜混入先前的混合物中，接著混入 1/3 的麵粉，最後是剩餘的蛋白霜。

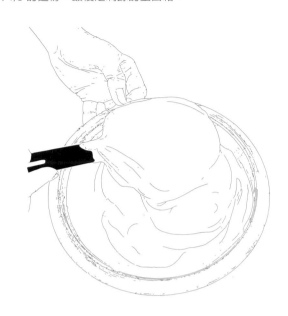

3 將剩餘的麵粉過篩，混入料糊中。在裝有烤盤紙的烤盤上鋪至 0.5 公分的厚度、20×40 公分的面積。在預熱至 180℃ 的烤箱中烤 8 至 12 分鐘。

零陵香豆香草奶油霜

4 以攪拌機混合打發蛋、蛋黃、香草籽和刨碎的零陵香豆。在平底深鍋中倒入水、糖，煮至溫度達 121℃。一旦到達這個溫度，便倒入蛋糊中，攪拌至膨脹並形成緞帶狀質地。

5 在沙巴雍（sabayon）降溫至 35-40℃ 的溫度時，加入膏狀奶油。使用前保存在常溫下。

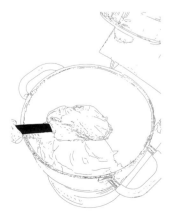

軟焦糖

6 在平底深鍋中倒入糖、葡萄糖，加熱至形成棕色焦糖，同時小心勿過度烹煮，以免形成苦澀味（勿超過 175℃）。

7 在平底深鍋中將鮮奶油、牛乳和葡萄糖煮沸，接著緩緩倒入焦糖中，同時小心液體濺出。用刮刀小心攪拌，接著將焦糖煮至 110℃，形成濃稠滑順的焦糖。

8 離火，讓溫度降至 40℃，接著加入奶油和鹽之花。用電動攪拌棒攪拌均勻，接著移至小型的烤皿，保存在常溫下。

組裝與裝飾

9 在烤盤紙上，將蛋糕體的邊緣修整至 20 × 40 公分的大小。

10 蓋上零陵香豆香草奶油霜，接著用刮刀抹平，將厚度調整至約 3 公釐。將軟焦糖裝入擠花袋，在表面來回擠出花紋。在其中一端擠出一條零陵香豆香草奶油霜，務必要讓 20 公分的另一端，保留 1 公分無奶油霜的邊緣。

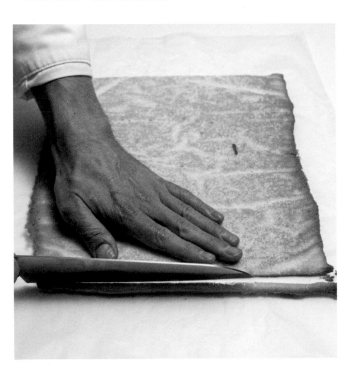

11 將蛋糕體捲起，務必要緊密捲起，以便盡可能形成圓柱狀，接著將蛋糕卷冷藏 2 小時，讓蛋糕卷變得更緊實。

12 為兩端蓋上零陵香豆香草奶油霜，用刮刀抹平。

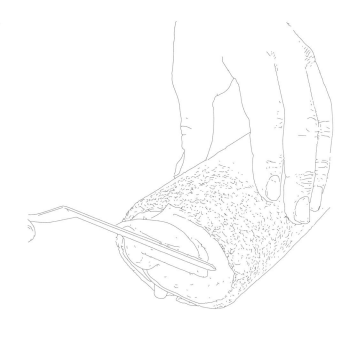

14 立刻為蛋糕卷鋪上蛋糕體碎屑。再度冷藏後再品嚐。最後篩上防潮糖粉（codineige），並在頂端擺上細條狀的黑巧克力。

注意
在焦糖 40°C 時混入奶油可形成完美的質地。

13 在表面覆上剩餘的零陵香豆香草奶油霜，用玻璃紙（rhodoïd）抹平。

Pièr-Marie Le Moigno

皮耶馬希·莫諾

始終被美食吸引的皮耶馬希，從小便自認是廚師。但直到他在阿讓市的五星主廚米歇爾·特拉馬（Michel Trama）的餐廳實習時，才開始探索甜點。他從此愛上糕點，並將這樣的熱忱發展成職業。他曾經待過莫里斯飯店（Meurice），在卡米爾·萊塞克（Camille Lesecq）身旁，後來到了巴黎旺多姆柏悅飯店（Park Hyatt Paris Vendôme），並在此完成飯店甜點主廚的旅程。他離開首都，回到故鄉布列塔尼（Bretagne），主要是為了和他的妻子嘉兒（Gaëlle）實現自己開店的夢想。2014年，這對年輕夫妻在法國洛里昂（Lorient）的 Pâtisserie Pièr-Marie 接待第一批顧客。一間介於茶點沙龍和紐約咖啡廳之間的美麗商店，他在這裡重新詮釋經典作品。例如檸檬塔，他用一張甜酥塔皮結合了檸檬奶油醬和蛋白霜；在木柴蛋糕 3.0 中，皮耶馬希回歸根本，以柔軟蓬鬆的蛋糕體搭配滑順的法式奶油霜製成蛋糕卷，並以香草和零陵香豆添加細緻的香味。老饕會告訴你，傳統就是美味。

Bûche roulée marron & poire

栗子洋梨蛋糕卷

⏳
製作 2 小時
加熱 17 分鐘
冷藏 2 小時
1 天完成

📄🌡️
用具
40×25 公分的烤盤紙
溫度計

🔪🍴⊘
刮刀
糕點刷
網篩

材料・6-8人份

香草燉洋梨
les poires pochées à la vanille
水 400 克
砂糖 125 克
威廉紅洋梨 3 顆
檸檬汁 1 顆
大溪地香草莢 1 根

杏仁海綿蛋糕
la génoise amande
麵粉 125 克
新鮮雞蛋 4 顆
砂糖 125 克
膏狀奶油 40 克
杏仁粉 50 克

栗子奶油醬
la crème de marron
糖漬栗子泥（crème de marron）230 克
栗子膏（pâte de marron）500 克
新鮮奶油 200 克

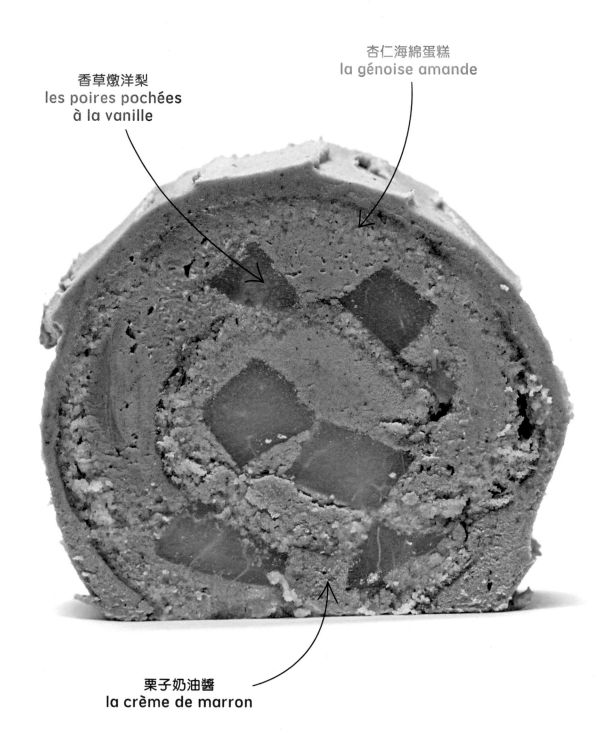

杏仁海綿蛋糕
la génoise amande

香草燉洋梨
les poires pochées
à la vanille

栗子奶油醬
la crème de marron

創作者：**Sébastien Gaudard 塞巴斯蒂安·高達**
Pâtisserie Sébastien Gaudard，巴黎

香草燉洋梨

1 在平底深鍋中將水和砂糖煮沸。趁這段時間將洋梨去皮並淋上檸檬汁。將香草莢從長邊剖開成兩半，取出黑色的籽，加入平底深鍋中，接著投入淋有檸檬汁的洋梨。以微滾的水煮 5 分鐘。用鋒利的小刀確認洋梨熟度。插入洋梨時應只會受到輕微阻力。離火，將洋梨和糖漿保存在常溫下的容器中。

杏仁海綿蛋糕

2 將烤箱預熱至 220℃。將麵粉過篩。在不鏽鋼容器中打入新鮮的蛋，加入砂糖，一邊隔水加熱，一邊用力攪打至混合物達 60/65℃的溫度。這時將蛋糊從隔水加熱鍋中取出，打發至完全冷卻。

3 將 2 至 3 匙的蛋糊混入膏狀奶油中。在剩餘的蛋糊中撒上麵粉和杏仁粉。最後加入奶油，並用木製刮刀輕輕混合。

4 用不鏽鋼刮刀將麵糊鋪在裝有 40×25 公分烤盤紙的烤盤上。入烤箱烤 10 至 12 分鐘。

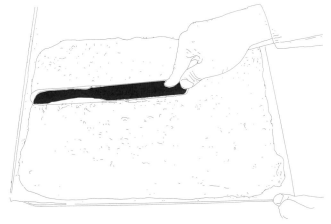

栗子奶油醬

5 在裝有攪拌槳的電動攪拌機碗中，混合栗子膏和糖漬栗子泥，接著加入膏狀奶油，攪打至混合物泛白。預留備用。將 30 克的 栗子奶油醬冷藏作為裝飾用。

組裝與裝飾

6 將洋梨瀝乾，保留糖漿。預留半顆洋梨作為裝飾用。將其他洋梨切成邊長 1 公分的小丁（約 300 克）。用糕點刷為片狀的蛋糕體刷上少許烹煮糖漿。

7 將栗子奶油醬均勻地鋪在海綿蛋糕上。

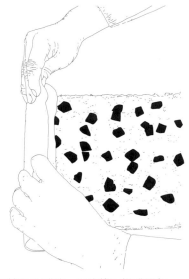

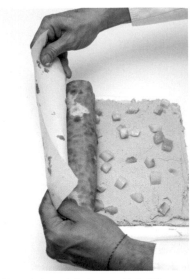

8 為蛋糕體撒上水煮洋梨丁。

9 用烤盤紙輔助，開始將蛋糕體捲起。

10 就這樣捲至形成長 25 公分的長條。

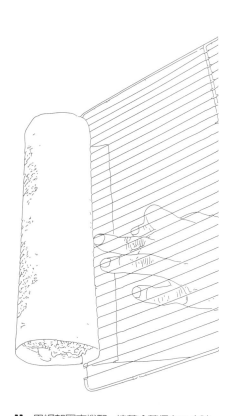

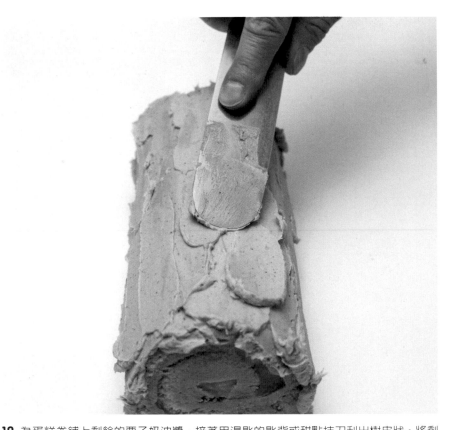

11 用網架固定捲緊，接著冷藏保存 2 小時。

12 為蛋糕卷鋪上剩餘的栗子奶油醬，接著用湯匙的匙背或甜點抹刀刮出樹皮狀。將剩餘的半顆洋梨切半，為洋梨片淋上檸檬汁。擺在蛋糕卷上的糖栗旁。

建議

為了增加這道甜點的香氣層次，可在杏仁海綿蛋糕刷上糖漿前，在烹煮糖漿中加入少許洋梨白蘭地。

Sébastien Gaudard

塞巴斯蒂安 · 高達

當其他的孩子還在玩黏土時，塞巴斯蒂安 · 高達就已經在玩杏仁膏了。因此，不意外地，這名洛林地區糕點師的兒子繼承了父業。1992年到巴黎服兵役後，他便再也沒離開。在馬提翁飯店（Matignon）待了一年後，他加入Fauchon（馥頌）的行列，在 Pierre Hermé 皮耶·艾曼身邊工作，並在皮耶離開時接替了他的職務，年僅 26 歲便成為瑪德蓮廣場（Place de la Madeleine）上名店的甜點主廚。塞巴斯蒂安就如同他常說的－致力於「美食」的發展，在 2011 年底接下了位於烈士街（rue des Martyrs）22 號，首都最古老的糕點店之一。在這帶有鏽斑水銀鏡面和 1900 年代光采的小店中，生產有時受人遺忘的蛋糕，例如愛之井（Puits d'amour）或杏仁碎香草蛋白霜塔（mussipontain，由他的父親所創），後者是一種以蛋白霜、香草奶油醬和焦糖杏仁為基底的甜點。他以這道栗子洋梨蛋糕卷來闡述他的理念，在鋪有大量栗子奶油醬的蛋糕卷中結合兩種當季食材，以示對傳統的尊重。

Bûche roulée chocolat, café, noisette
榛果咖啡巧克力蛋糕卷

製作 3 小時 30 分鐘
加熱 40 分鐘
烘焙時間 1 小時
冷藏 一個晚上＋ 15 分鐘
冷凍時間 3 小時
2 天完成

用具
裝有花嘴（20 號花嘴、扁鋸齒花嘴
douille chemin de fer、較小的扁鋸齒
花嘴）的擠花袋
40×30 公分的方形慕斯框
刮刀

Rhodoïd 玻璃紙
矽膠烤墊（Silpat® 牌）
漏斗型濾器
手持式電動攪拌棒
溫度計
厚度尺（règle épaisse）2 支
尺

材料 · 8人份

榛果蛋糕體 le biscuit noisette
蛋黃 60 克（約 3 顆蛋）
蛋 175 克（約 3 顆蛋）
紅糖（sucre roux）105 克（沙巴雍用 90
克，打發蛋白用 15 克）
T55 麵粉 45 克
生榛果粉（帶皮、不要太細）120 克
稍微烘焙的碎榛果 100 克
中性油 1 大匙
液態鮮奶油 1 大匙
蛋白 90 克（約 3 顆蛋）
防潮糖粉 30 克（或糖粉 15 克＋玉米粉
Maïzena®15 克）

**打發咖啡甘那許 la ganache montée
café**（前 1 天製作）
脂肪含量 30% 的鮮奶油 440 克
咖啡豆 *20 克
吉利丁塊 23 克（或預先以大量冷水泡軟
的吉利丁 2 片）
咖啡巧克力 98 克 **

**咖啡巧克力甘那許
la ganache café-chocolat**
脂肪含量 30% 的鮮奶油 145 克
軟奶油 18 克（提前 2 小時取出）
咖啡豆 13 克
金砂糖（sucre blond）***5 克
咖啡巧克力 **75 克
可可脂含量 72% 的黑巧克力 38 克

榛果酥頂 le streusel noisette
榛果粉 65 克
奶油 50 克
金砂糖 ***50 克
鹽之花 3 克
T45 麵粉 50 克

**焦糖可可碎粒巧克力酥頂
le streusel chocolat et gruétine**
生榛果 45 克
可可脂含量 72% 的黑巧克力 50 克
杏仁帕林內（praliné amande）75 克
榛果酥頂（如左）218 克
鹽之花 1 克
奶油 25 克
150 克的焦糖可可碎粒（gruétine）
1 罐 ****

→ 詳細資訊
* 咖啡豆：產自衣索比亞帶有果香的品種
** 咖啡巧克力：Michel Cluizel® 牌 Z
Café 口味
*** 金砂糖：Alter Eco® 牌
**** 焦糖可可碎粒（gruétine）：Michel
Cluizel® 牌焦糖可可碎粒

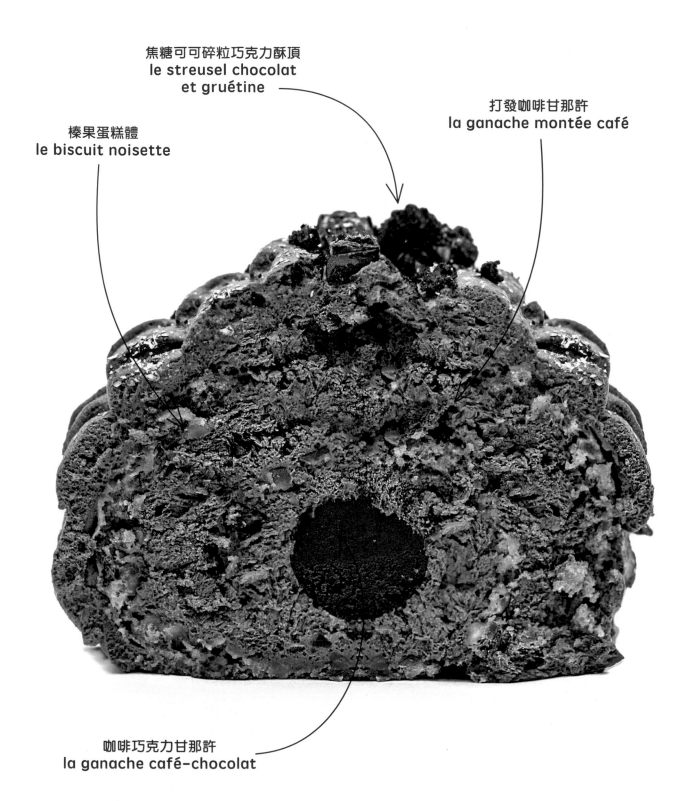

焦糖可可碎粒巧克力酥頂
le streusel chocolat
et gruétine

榛果蛋糕體
le biscuit noisette

打發咖啡甘那許
la ganache montée café

咖啡巧克力甘那許
la ganache café-chocolat

創作者：**Philippe Conticini** 菲力浦・康蒂奇尼
糕點店：**Gâteaux d'émotions**，巴黎
配方製作：**Laetitia Di Leta** 萊蒂蒂亞・迪萊塔

打發咖啡甘那許

（前 1 天製作）

1 在平底深鍋中加熱一半的鮮奶油和咖啡豆，浸泡 10 分鐘。再度加熱，接著以漏斗型濾器過濾至吉利丁塊和咖啡巧克力中。

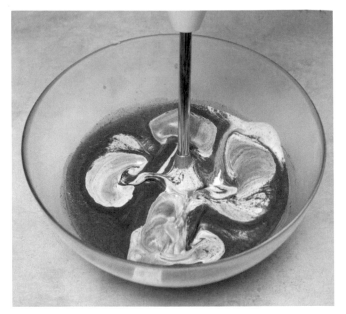

2 加入剩餘的冷鮮奶油，用手持式電動攪拌棒攪打，接著移至容器中，在表面緊貼上保鮮膜，冷藏保存。

榛果蛋糕體

3 將烤箱預熱至 170℃。在裝有球狀攪拌棒的電動攪拌缸中，將蛋黃、全蛋和 90 克的紅糖打發成沙巴雍（sabayon）狀；一開始先以慢速將糖攪拌至完全溶解，接著以快速攪打至蛋糊的體積膨脹 2 倍。

4 在沙拉碗中混合麵粉、生榛果粉和烘焙碎榛果，接著分 2 次撒在沙巴雍中，用橡皮刮刀輕輕拌勻。最後加入中性油和液態鮮奶油。

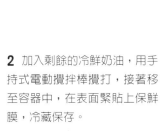

5 在另一個裝有球狀攪拌棒的電動攪拌缸中（或手持打蛋器），將蛋白和 15 克的糖打發成泡沫狀，直到形成結實但柔軟的質地。

6 一旦將蛋白打發，用橡皮刮刀分兩次輕輕混入先前的麵糊中。

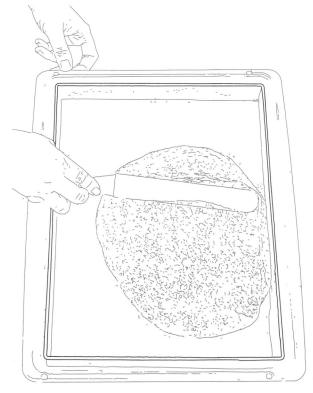

7 在烤盤上刷上少許油，接著擺上一張烤盤紙。將 40×30 公分的方形慕斯框刷上油，撒上麵粉，接著擺在烤盤紙上。在慕斯框中均勻鋪上 350 克的麵糊，烤 8 至 10 分鐘（蛋糕體應呈現漂亮的金黃色）。

8 將蛋糕體從烤盤中取出，篩上防潮糖粉，立即擺在另一張烤盤紙上，接著小心翻面。將烤盤紙取下，同時注意不要拉扯蛋糕。這一面也篩上防潮糖粉，放回烤盤紙。再度將蛋糕體翻回正面，以免黏在烤盤紙上。

咖啡巧克力甘那許

9 加熱鮮奶油和咖啡豆,浸泡 10 分鐘,接著用漏斗型濾器過濾。將浸泡過的鮮奶油和糖加熱至約 80°C,接著倒入混合的 2 種巧克力中。用打蛋器持續在沙拉碗的中央將混合物攪拌至乳化。加入切成小塊的奶油。可用橡皮刮刀混合,將甘那許攪拌均勻。

10 將甘那許冷藏至凝固。接下來用 20 號的擠花嘴,擠出 1 條長 40 公分的甘那許,冷凍 3 小時,讓甘那許硬化。

榛果酥頂

11 以 140°C 烘焙榛果粉約 30 分鐘。放入裝有攪拌槳的電動攪拌機碗中,加入所有材料,攪拌至形成均勻麵團。

12 將酥頂麵團鋪在烤盤墊上,入烤箱以 150°C 烤 20 至 25 分鐘。

焦糖可可碎粒巧克力酥頂

13 以 140℃烘烤帶皮榛果約 30 分鐘，接著約略切碎。將奶油、巧克力和杏仁帕林內隔水加熱至融化。在沙拉碗中將榛果酥頂用手剝碎，加入切碎榛果、鹽之花、奶油、融化的巧克力和帕林內，拌勻。

14 擺在鋪有烤盤墊的烤盤上，入烤箱以 150℃烤 8 分鐘。

15 混合等量的巧克力酥頂和焦糖可可碎粒。

組裝與裝飾

16 在裝有球狀攪拌棒的電動攪拌缸中，將咖啡甘那許攪拌打發至膨脹。

17 用厚度尺和一般的尺輔助，將 550 克的打發咖啡甘那許鋪在蛋糕體上。撒上 200 克的巧克力酥頂和焦糖可可碎粒。

18 擺上冷凍的咖啡巧克力甘那許條，將蛋糕體捲起，冷藏 15 分鐘。

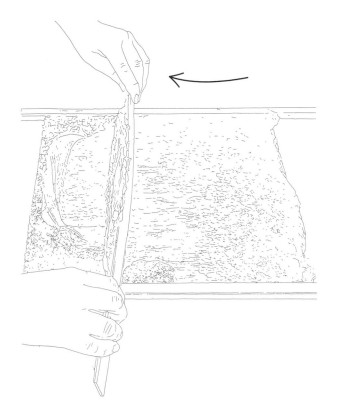

19 用扁鋸齒花嘴擠上打發甘那許。

20 以玻璃紙抹平。

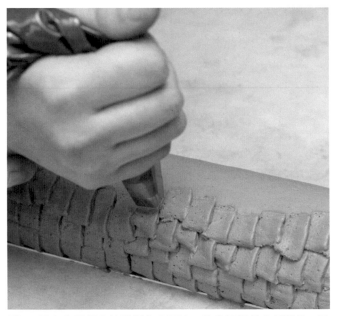

21 用較小的扁鋸齒花嘴製作小瓦片，先從蛋糕卷底部開始，沿著長邊擠出小瓦片，接著一層層朝蛋糕卷的頂端疊起。最後在表面撒上巧克力酥頂和焦糖可可碎粒。

Philippe Conticini
菲力浦·康蒂奇尼

他對味道非常執著。多年來，這狂熱分子努力瞭解每個材料的作用與特色，以便為每道作品帶來最大的樂趣。他的配方中沒有任何的偶然：味道、口感、味蕾的感受、濃郁度和在嘴裡的餘味。每一個微小的細節都經過深思熟慮。而且絕不會讓他的眾多粉絲失望。 他 在 Instagram 有 將 近 345,000 位，臉書則有超過 410,000 名追蹤者，是目前最受關注和喜愛的糕點師之一。只要一嚐菲力浦的作品，就能很快瞭解他並非尋常的糕點師。在第一批走入現代又不失原本味道的法國傳統糕點師中，他是這一代裡的翹楚，之後更對泡芙、布雷斯特泡芙或反烤蘋果塔產生熱情。康蒂奇尼在這道蛋糕卷上展現他的專業知識，用超酥脆的蛋糕體巧妙地混合不同的口感，同時提供巧克力、榛果和咖啡之間不可思議的味道和諧。這是真正藝術家的作品。

Bûche roulée mangue, Passion, coriandre

芒果百香香菜蛋糕卷

製作 2 小時 30 分鐘
加熱 7 分鐘
冷藏 一個晚上 ＋ 3 小時
冷凍時間 一個晚上
2 天完成

用具
矽膠烤墊（Silpat® 牌）
40×30 公分的 Rhodoïd 玻璃紙
橡皮刮刀
漏斗型濾器

溫度計
塑膠管
手持式電動攪拌棒
裝有花嘴的擠花袋
刮刀

材料・6-8人份

糖漬芒果百香
le confit mangue-Passion
（前 1 天製作）
百香果泥 100 克
芒果泥 100 克
砂糖 26 克
NH 果膠 4 克
檸檬汁 3 克

香菜打發甘那許
la ganache montée
à la coriandre（前 1 天製作）
常溫液態鮮奶油 75 克
新鮮香菜葉 12 克
吉利丁塊（masse de gélatine）8 克
（吉利丁粉 1 克＋水 7 克）
白巧克力 40 克
冷的液態鮮奶油 110 克

芒果蛋糕卷
le biscuit roulé à la mangue
蛋白 67 克（約 2 顆蛋）
砂糖 87 克
芒果泥 37 克
麵粉 70 克
蛋黃 45 克（約 2 至 3 顆蛋）

最後修飾
防潮糖粉 15 克（或糖粉 7.5 克＋玉米粉
Maïzena®7.5 克）
抹茶 5 克

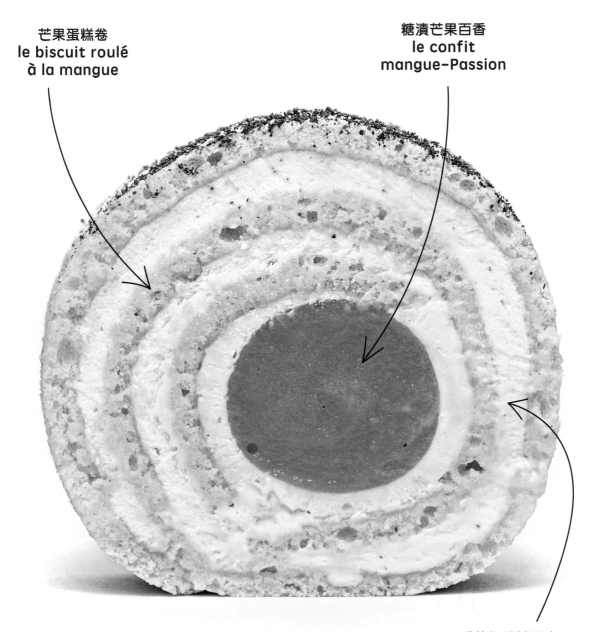

芒果蛋糕卷
le biscuit roulé
à la mangue

糖漬芒果百香
le confit
mangue-Passion

香菜打發甘那許
la ganache montée
à la coriandre

創作者：**Nicolas Bacheyre** 尼古拉・巴赫爾
糕點店：**Un Dimanche à Paris**
配方製作：**Jonathan Degent** 喬納森・德金

糖漬芒果百香 (前 1 天)

1 在平底深鍋中加熱芒果泥和百香果泥達 50℃。混合砂糖和果膠，撒在果泥上，一邊用力攪打，接著全部煮沸。最後加入檸檬汁，倒入適當的容器中。在表面緊貼上保鮮膜，冷藏保存至混合物凝固。

2 將 40×60 公分的玻璃紙捲起，形成管狀。放入塑膠管中固定，接著用透明膠帶將玻璃紙管的接合處黏起。

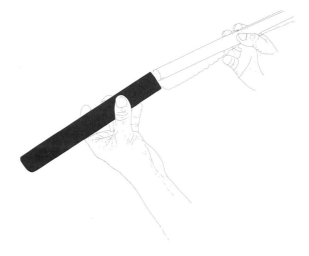

3 將糖漬水果從冰箱中取出，用手持式電動攪拌棒攪打至平滑，接著裝入塑膠擠花袋中，再填入玻璃紙管內。將玻璃紙管冷凍。

香菜打發甘那許 (前 1 天製作)

4 在平底深鍋中將 75 克的鮮奶油煮沸。離火，加入香菜，用手持式攪拌棒攪打，接著為鍋子蓋上保鮮膜，浸泡 20 分鐘。

5 浸泡後稍微加熱。為了形成平滑且帶有漂亮光澤的甘那許，請先加入吉利丁混合，接著用漏斗型濾器分 3 次倒入白巧克力中，一邊用橡皮刮刀攪拌。最後加入冷的液態鮮奶油，用手持式電動攪拌棒攪打，冷藏保存。

芒果蛋糕卷

6 製作法式蛋白霜：用裝有球狀攪拌棒的電動攪拌缸一邊將蛋白打發，一邊分 3 次加入砂糖。

7 用橡皮刮刀輕輕混入常溫（20-30℃）的芒果泥。接著混入麵粉，最後是蛋黃。

8 在烤盤墊上鋪上麵糊達 2 公釐的厚度，接著用大拇指劃過麵糊四周，以形成明顯的邊。放入預熱至 180℃的烤箱，烤約 7 分鐘。

9 將蛋糕體從烤箱中取出，在工作檯上放涼約 15 分鐘。在蛋糕體表面放上一張烤盤紙，將整個蛋糕體翻面，輕輕地移去烤盤墊。

10 在凹紋面擺上另一張烤盤紙，再度翻面，讓表面在最後修飾時更為顯眼。

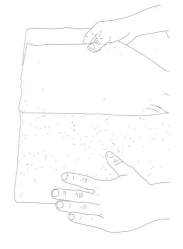

組裝與裝飾

11 在裝有球狀攪拌棒的電動攪拌缸中,以中速將香菜甘那許打發,直到形成柔軟濃稠的霜狀。

12 將打發甘那許盡可能均勻地鋪在整個蛋糕體上,同時小心讓甘那許保持和蛋糕體同樣的厚度。為之後的捲起動作預留約 3 公分的邊。

13 將糖漬水果條從冷凍庫中取出,移去玻璃紙,接著將糖漬水果條擺在蛋糕體邊緣。用烤盤紙輔助開始輕輕捲起,在蛋糕體捲成第一圈之前停止,確認蛋糕卷是筆直的,繼續捲到底。

14 將蛋糕卷的接口處朝下,用烤盤紙卡在蛋糕卷下方,用烤盤或網架將蛋糕卷整個捲緊。

15 將兩端切至平整,篩上防潮糖粉和抹茶粉,冷藏保存 3 小時後再品嚐。

建議

這道配方是以吉利丁塊來製作。吉利丁片的使用方式請參考第 139 頁。

在此可用等量的在來米粉來取代小麥粉,便可製作出無麩質的蛋糕。

Nicolas Bacheyre
尼古拉・巴赫爾

尼古拉・巴赫爾是麵包師的兒子，在 Fauchon（馥頌）師承克里斯多夫・亞當（Christophe Adam）和貝諾・古風（Benoît Couvrant，現為 Cyril Lignac 的甜點主廚）。在 2014 年成為「Un Dimanche à Paris」的糕點師，即奧迪翁區（quartier de l'Odéon）身兼糕點店、巧克力專賣店、餐廳和茶點沙龍。他的靈感汲取自當季水果，時而喜歡簡單優雅的「果味」作品，時而重新演繹法國一些偉大經典甜點的形式或精神。例如，出色地將蘭姆巴巴或提拉米蘇轉化為現代的甜點。儘管長期將蛋糕卷與父親在他年幼時彎著腰進行的揉麵「苦差事」聯想在一起，但成了糕點師之後，他也開始關注這項甜點，而且某種程度的樂在其中。在他具異國風味的蛋糕卷裡，混搭質樸的蛋糕卷與大膽的輕奶油霜，同時巧妙結合香菜、芒果和百香果的味道，保證為你的味蕾帶來新奇感受。

Bûche roulée thé vert matcha, myrtille & kinako

藍莓黃豆抹茶蛋糕卷

製作 2 小時 30 分鐘
加熱 14 分鐘
冷藏 一個晚上＋1 小時
2 天完成

用具
裝有花嘴（20 號花嘴、扁鋸齒花嘴）的擠花袋
刮刀
糕點刷

刮板
手持式電動攪拌棒
網篩
溫度計

材料・6-8人份

艾草抹茶糖漿
le sirop armoise-thé vert matcha
水 100 克
糖 100 克
艾草粉 5 克
抹茶 5 克

艾草抹茶蛋糕卷
le biscuit roulade armoise-thé vert matcha
艾草粉 6 克
抹茶 6 克
T45 麵粉 52 克
蛋黃 46 克（約 2 顆蛋）
蛋 116 克（約 2.5 顆蛋）
蜂蜜 6 克
砂糖 130 克
（麵糊用 104 克＋打發蛋白用 26 克）
蛋白 70 克（約 2 顆蛋）

藍莓果漬
la compotée de myrtille
藍莓 121 克
白糖（sucre cristal）36 克
NH 果膠 3 克
青檸檬汁 5 克

黃豆香醍鮮奶油（前 1 天製作）
la chantilly kinako
脂肪含量 35% 的液態鮮奶油 253 克
白巧克力 117 克
黃豆粉（炒過的黃豆粉）16 克

裝飾 la décoration
覆盆子粉
小蛋白餅
巧克力圓片（Palets de chocolat）

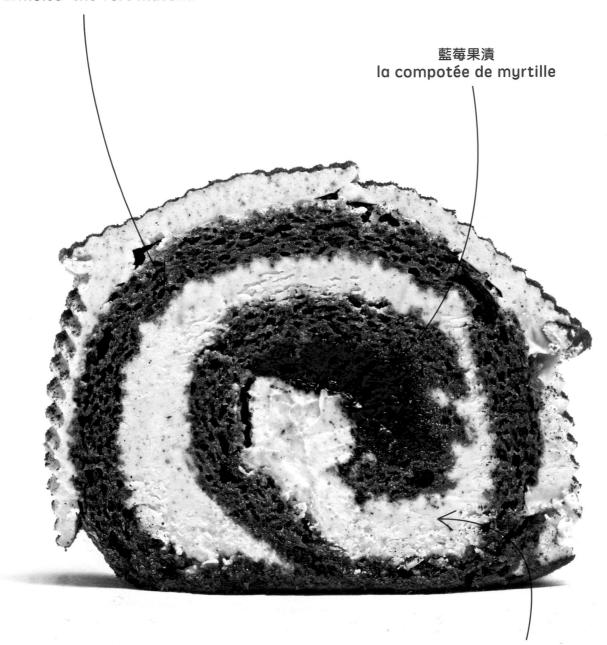

艾草抹茶蛋糕卷
le biscuit roulade
armoise-thé vert matcha

藍莓果漬
la compotée de myrtille

黃豆香醍鮮奶油
la chantilly kinako

作品名稱：**bûche Bonako** 博納可蛋糕卷
創作者：**Olivier Haustraete et Jisun Lee**
奧利維爾・豪斯翠特和**李吉順**
Boulangerie Bo，巴黎

黃豆香醍鮮奶油
（前 1 天）

1 在平底深鍋中將液態鮮奶油煮沸，倒入白巧克力和黃豆粉中。

2 用手持式電動攪拌棒攪打至乳化，以 0/ + 4°C冷藏保存。

艾草抹茶蛋糕卷

3 在裝有球狀攪拌棒的電動攪拌缸中混合蛋黃、蛋、蜂蜜和 104 克的糖打發，直到體積比原先膨脹 2 倍。

4 以另一個攪拌缸混合蛋白和一半的砂糖（即 13 克）。用剩餘的糖（13 克）將蛋白攪打至緊實的蛋白霜，接著混入先前的蛋糊中。

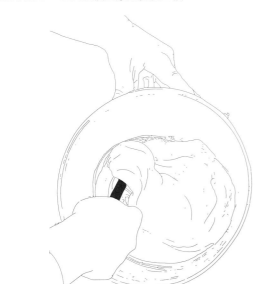

5 將艾草、抹茶和麵粉一起過篩。輕輕加入，務必不要讓麵糊消泡。

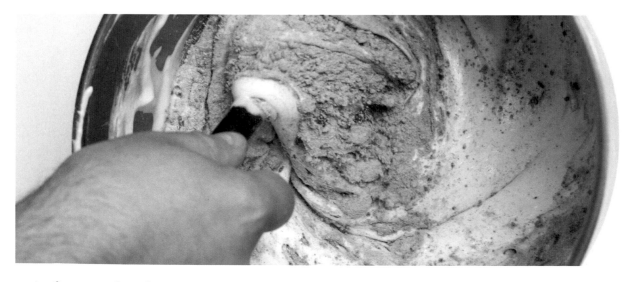

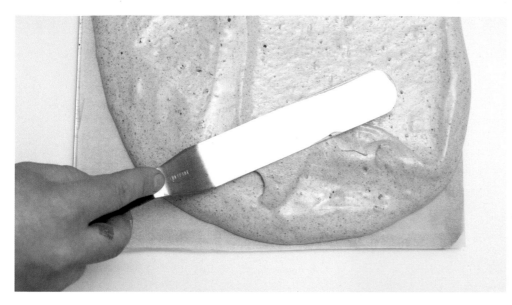

6 鋪在裝有烤盤紙的烤盤上，入烤箱以 180℃ 烤 8 至 10 分鐘，中途將烤盤轉向。從烤箱中取出，移至網架上。

艾草抹茶糖漿

7 將材料倒入平底深鍋中，煮沸。保存至使用的時刻。

藍莓果漬

8 在平底深鍋中將藍莓和 2/3 的糖煮至 40℃。混合剩餘的糖和果膠，加進平底深鍋中，煮沸 3 至 4 分鐘，倒入檸檬汁，煮沸一會兒。將果漬移至有邊的容器中，放涼並保存在常溫下。

刷塗糖漿

9 將蛋糕體擺在一張烤盤紙上，用刮板（corne）將表面平整，刮去蛋糕皮。

10 為蛋糕體刷上大量糖漿。

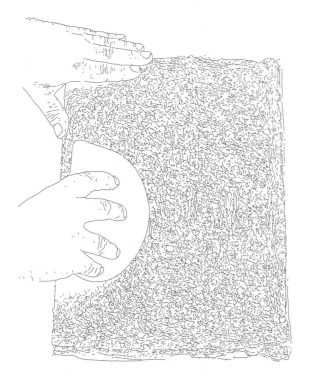

組裝與裝飾

11 用抹刀在蛋糕體上方鋪上 1 條 3 公分的果漬。

12 用打蛋器（或在裝有球狀攪拌棒的電動攪拌缸中），將黃豆香醍鮮奶油打發，直到形成柔軟的質地，接著鋪在蛋糕體上，但不要覆蓋到果漬。務必要在蛋糕體下方留下 1 公分的邊。

13 從果漬開始輕輕捲起，請仔細慢慢捲緊。

14 用網架固定，將蛋糕體捲緊，接著冷藏保存 1 小時。

15 將蛋糕卷取出。將剩餘的香醍鮮奶油填入裝有扁鋸齒花嘴的擠花袋，接著在蛋糕卷上擠滿香醍鮮奶油。最後撒上覆盆子粉並以蛋白餅和巧克力圓片進行裝飾。

Olivier Haustraete

奧利維爾・豪斯翠特

奧利維爾・豪斯翠特是這行業的異類。頭戴鴨舌帽,在熱鬧的實驗廚房裡播放數小時的饒舌和電子音樂,這位在 La Grande Épicerie 美食超市接受甜點訓練的三十來歲廚師,打破了傳統麵包業的規則。先後到過澳洲和日本,他於 2014 年在巴黎 12 區開了自己的店,從此全力投入在麵包和甜點的製作。在這二〇世紀初期的正宗巴黎麵包坊裡,甜點反映出這個人嚴謹但又不喜歡嚴肅的風格。他透過這道 Bûche Bonako 博納可蛋糕卷,表達他對日本的情感,並強調團隊合作,因為他每年都要求團隊要全心投入在這項作品中。這道蛋糕卷巧妙地結合了抹茶的氣味、藍莓果漬的微酸、黃豆粉的風味和蛋糕卷的柔軟。

Bûche vanille bleue
& noix de pécan
香草胡桃蛋糕卷

製作 3 小時 30 分鐘
加熱 7 分鐘
烘焙時間 28 分鐘
冷藏 一個晚上
冷凍時間 7 小時 30 分鐘
2 天完成

用具
裝有花嘴（8 號花嘴）的擠花袋
6×50 公分的樋形蛋糕卷模
9×25 公分的蛋糕卷模
矽膠裝飾墊（Tapis de décor en silicone）*
30×40 公分的烤盤
霧面噴槍（Pistolet le flocage）

漏斗型濾器
網篩
溫度計
擀麵棍
厚度尺（5 公釐）2 個
刻度尺

材料·6-8人份

香草焦糖（前 1 天製作）
液態鮮奶油 100 克
（盡量選擇脂肪含量 35% 的鮮奶油）
香草莢（留尼旺產 VANILLE BLEUE® 牌）
2 根
糖 92 克
葡萄糖 92 克
牛乳 92 克
奶油 74 克
精鹽 4 克
切碎的烘焙核桃 45 克

胡桃蛋糕體 le biscuit pécan
胡桃 60 克
鹽 1 撮
蛋黃 100 克（約 5 顆蛋）
糖 156 克
蛋白 140 克（約 5 顆蛋）
T55 麵粉 45 克

胡桃帕林內 le praliné pécan
整顆杏仁 30 克
整顆胡桃 30 克
糖 60 克
香草莢（留尼旺產 VANILLE BLEUE® 牌）
1 根
鹽之花 4 克

胡桃香草酥
le croustillant pécan vanille
胡桃帕林內（如上）80 克
酥脆薄片（feuilletine，或使用壓碎的法式
薄餅 crêpes dentelles）80 克
鹽之花 1 撮
可可脂（beurre de cacao）15 克

香草慕斯 la mousse vanille
脂肪含量至少 30% 的鮮奶油 136 克
蛋黃 20 克（約 1 顆蛋）
糖 20 克
牛乳 112 克
香草莢（留尼旺產 VANILLE BLEUE® 牌）
1 根
吉利丁片 1.5 克

裝飾 le décor
牛奶巧克力 25 克
可可脂 15 克
黑巧克力 15 克

→ 詳細資訊：
* 矽膠裝飾墊和蛋糕卷模：訂製圖案
（Silikomart® 牌）

香草焦糖
le caramel vanille bleue

胡桃帕林內
le praliné pécan

胡桃蛋糕體
le biscuit
pécan

胡桃香草酥
le croustillant
pécan-vanille

香草慕斯
la mousse vanille

創作者：**Yann Couvreur 揚·庫弗**
Pâtisserie Yann Couvreur，巴黎
配方製作：**Florent Donard 弗洛倫·多納**

香草焦糖（前 1 天製作）

1 在平底深鍋中將鮮奶油和 2 根刮出籽的香草莢煮沸。在另一個平底深鍋中，放入糖、葡萄糖、牛乳、奶油和鹽，煮沸，一邊不斷用打蛋器攪拌，將糖漿煮至 148℃。一旦到達這個溫度，就將香草莢取出，接著分 3 次倒入熱的鮮奶油，同時小心濺出的液體，接著煮沸。將香草焦糖倒入適當容器中，放涼 10 分鐘，接著在覆蓋保鮮膜，冷藏保存。

胡桃蛋糕體

2 將胡桃擺在鋪有烤盤紙的烤盤上，放入預熱至 170℃的烤箱烘焙 14 分鐘。從烤箱中取出，放涼。用食物料理機將冷卻的胡桃和 1 撮鹽攪打至形成平滑均勻的膏狀。

3 在裝有球狀攪拌棒的電動攪拌缸中，將蛋黃和一半的糖打發，直到形成所謂「緞帶」狀的濃稠泡沫質地。

4 另一個鋼盆，放入蛋白並加入 3/4 的糖，將蛋白打發成泡沫狀，接著再用剩餘的糖攪打至成為緊實的蛋白霜。

5 將胡桃糊混入打發蛋黃中。

6 再將打發蛋黃糊拌入蛋白霜內。

7 最後混入過篩的麵粉，接著倒入鋪有烤盤紙的烤盤，用刮刀沿著烤盤邊緣抹平。在預熱至 180°C 的烤箱中烤 7 分鐘。將烤盤從烤箱中取出，放涼一會兒，蓋上保鮮膜，保持蛋糕體的濕潤。

胡桃帕林內

8 將堅果擺在鋪有烤盤紙的烤盤上，放入預熱至 170°C 的烤箱烤 14 分鐘，接著放涼。用 60 克的糖和香草莢的籽煮成乾焦糖（caramel à secs），接著淋在鋪了烤盤紙的冷卻堅果上。放涼。在食物料理機的碗中，將上述焦糖堅果和鹽之花一起攪打至形成平滑膏狀。

胡桃香草酥

9 混合胡桃帕林內、酥脆薄片和鹽。在平底深鍋中，將可可脂加熱至融化，倒入帕林內和酥脆薄片的混合物中，接著拌勻。

10 夾在二張烤盤紙之間，用 2 支小的厚度尺輔助掌控厚度，鋪擀至 5 公釐的厚度。冷凍 1 小時 30 分鐘。

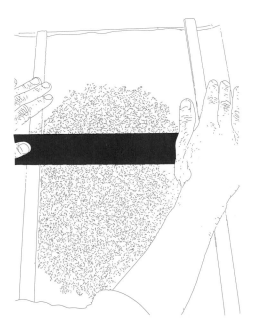

香草慕斯

11 用打蛋器將鮮奶油打發，直到形成泡沫狀質地。

12 混合蛋黃和砂糖。在平底深鍋中將牛乳和香草籽煮沸，用手持式攪拌棒攪打，以漏斗型網篩過濾至蛋黃和糖的混合物中，再倒回平底深鍋中，煮至85℃，用橡皮刮刀持續攪拌。煮好後，加入預先以大量冷水泡軟並擰乾的吉利丁。冷卻後，混入打發的香醍鮮奶油。

夾層

13 修整蛋糕體的邊緣，接著裁成 9×18 公分的長方形。

14 在裝有攪拌槳的電動攪拌機的鋼盆中，將前一天完成的香草焦糖打發，接著填入裝有 8 號花嘴的擠花袋。

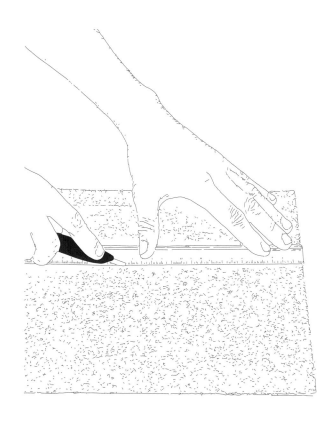

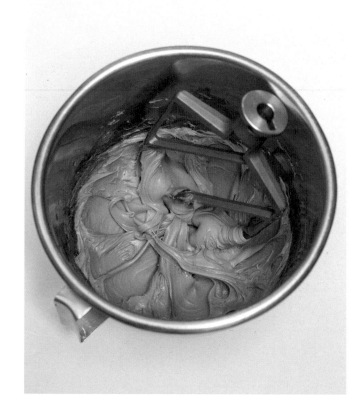

15 為蛋糕體擠上打發的香草焦糖。

16 撒上 45 克約略切碎的胡桃。

17 上方鋪一張烤盤紙，隔著烤盤紙輕壓，讓碎胡桃稍微嵌入香草焦糖中，接著移去烤盤紙。

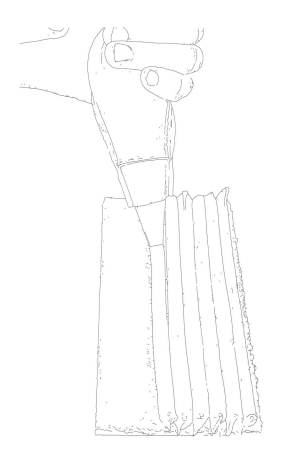

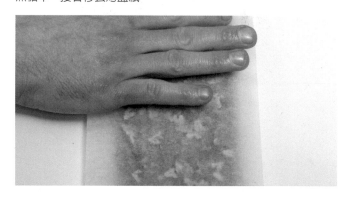

18 將製作好的蛋糕體放入樋形蛋糕模中。

19 將帕林內擠入凹槽。

20 蓋上一塊 4×18 公分的蛋糕體，接著冷凍 3 小時。

組裝與裝飾

21 將矽膠裝飾墊鋪在模型底部。為牛奶巧克力調溫，倒入模型底部，將巧克力均勻鋪開，以形成薄殼。倒扣並對著網架輕敲，盡可能去除多餘的巧克力，以形成極薄的殼。

22 將胡桃香草酥從冷凍庫中取出，切成 5.5×18 公分的長方形。蛋糕體也切成同樣大小，貼在胡桃香草酥上。

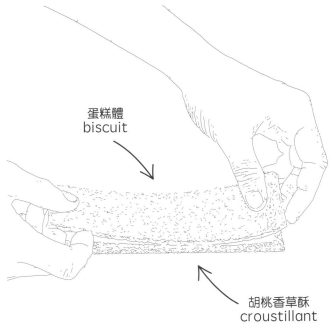

蛋糕體
biscuit

胡桃香草酥
croustillant

23 將慕斯倒入模型達 3/4 的高度。

24 將做好冷凍的胡桃帕林內夾層取出，放在模型中央，輕輕按壓以完美置中。

25 蓋上預先裁成 5.5×18 公分的蛋糕體酥條。冷凍至少 3 小時。將蛋糕卷脫模在網架上，移去矽膠裝飾墊。將可可脂和黑巧克力加熱融化至混合物達 45℃，接著用噴槍噴上霧面。品嚐前 3 小時將蛋糕卷從冰箱中取出。

建議

為烤盤刷上油可讓烤盤紙附著。烘烤蛋糕體之前，請用拇指劃過整個麵糊的周圍。這可讓邊緣更分明並避免沾黏烤盤。

Yann Couvreur

揚‧庫弗

揚‧庫弗在第三次實習時偶然進入甜點業，在尚-弗朗索瓦‧富榭（Jean-François Foucher）的影響下才真正愛上甜點，就這樣成了巴黎旺多姆柏悅飯店（Park Hyatt Paris-Vendôme）的糕點主廚。在加入巴黎勃艮第飯店（hôtel Le Burgundy）之前，是聖巴特（Saint Barth）的首席主廚，後來則服務於加勒王子飯店（le Prince de Galles）。2015 年，他離開了這個位於喬治五世大街（avenue George V）飯店的寶貴職位，就為了在第 11 區的帕門蒂爾街（rue Parmentier），開設自己的第一家店。在這外觀像咖啡廳的現代糕點店裡，揚‧庫弗精心製作僅用一種基本食材製成清爽的甜點作品。擠滿了饕客的小巧糕點店裡，他非常擅長製作維也納麵包，從他巴黎東區的甜點廚房裡新鮮出爐。他的咕咕霍夫（kouglof）成為同類作品中的典範，而他的法式焦糖奶油酥（kouign-amann），則令全巴黎的老饕為之瘋狂。他用這道蛋糕卷結合香草，以及極其美味的胡桃帕林內，巧妙地組合慕斯、酥餅和巧克力薄殼的清脆口感，這道節慶甜點讓人徹底上癮。

Bûche chocolat, noisette & bergamote

佛手柑榛果巧克力蛋糕卷

製作 3 小時
加熱 30 分鐘
冷藏 3 小時
冷凍時間 一個晚上 + 5 小時
2 天完成

用具
31.5×26.8 公分的有邊矽膠烤盤
（Flexi'Plaque® 牌）3 個
直徑 7 公分、長 24 公分的圓柱體（慕斯圈或紙巾滾筒）
霧面噴霧罐或噴槍（Déco'relief® 牌）

Rhodoïd 玻璃紙
溫度計
細孔濾器
尺
刮刀
裝有花嘴的擠花袋
電動攪拌機

材料・6-8人份

巧克力乳霜 le crémeux chocolat
（前 1 天製作）
蛋黃 33 克（約 1.5 顆蛋）
糖 10 克
全脂牛乳 83 克
脂肪含量 35% 的液態鮮奶油 83 克
牛奶巧克力 *80 克
榛果約 100 克

佛手柑果凝 la gelée bergamote
（前 1 天製作）
佛手柑汁 **250 毫升
糖 62 克
吉利丁 6 片

蕎麥蛋糕體 le biscuit sarrasin
蕎麥麵粉 125 克
糖粉 225 克
泡打粉 10 克
棕色杏仁粉（poudre d'amande brune）80 克
栗子花蜜（miel de châtaignier）37.5 克
蛋白 300 毫升（約 10 顆蛋）
半鹽奶油（beurre demi-sel）300 克
佛手柑皮 1 顆

阿蒂沃巧克力慕斯
la mousse chocolat Ativao
阿蒂沃黑巧克力（Weiss® 牌 chocolat noir Ativao）***82 克
蛋黃 30 克（約 1.5 顆蛋）
全蛋 25 克（約 ½ 顆蛋）
砂糖 25 克
脂肪含量 35% 的液態鮮奶油 125 克

組裝
80% 的榛果帕林內
（praliné noisette）***100 克

最後修飾
黑絲絨巧克力 le chocolat velours noir
可可脂 100 克
黑巧克力 ***150 克
竹炭粉 10 克
樹皮
黑巧克力 ***25 克

→ 詳細資訊
* 牛奶巧克力：Weiss® 牌 Mahoë 43%
** 佛手柑汁：Bio c' Bon® 牌或 artimondo.fr 購買
*** 黑巧克力：Weiss® 牌 Ativao 67%
**** 帕林內：Barry Callebaut® 牌或 Weiss® 牌

巧克力奶油霜
le crémeux chocolat

黑絲絨巧克力
le chocolat velours noir

阿蒂沃巧克力慕斯
la mousse
chocolat Ativao

佛手柑果凝
la gelée bergamote

蕎麥蛋糕體
le biscuit sarrasin

創作者： **Quentin Lechat 昆汀・萊查**糕點主廚
Jardin Privé - Novotel Les Halles，巴黎

佛手柑果凝（前 1 天製作）

1 在平底深鍋中將佛手柑汁和糖煮沸。離火，混入預先以大量冷水泡軟並擰乾的吉利丁，過濾後冷卻，接著倒在有邊的矽膠烤墊上。冷凍。

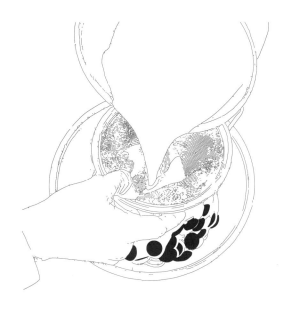

蕎麥蛋糕體

4 在裝有球狀攪拌棒的電動攪拌缸中，放入麵粉、泡打粉、糖、杏仁粉、蜂蜜、佛手柑皮和蛋白，攪拌至形成均勻麵糊。

5 將奶油加熱至融化並形成榛果色，接著用細孔濾器（或漏斗型網篩）過濾。用打蛋器混入麵糊中。

巧克力乳霜（前 1 天製作）

2 混合蛋黃和糖。在平底深鍋中將牛乳和鮮奶油煮沸，一半倒入蛋和糖的混合物中，接著再倒回鍋中。以 85℃煮至醬汁濃稠成層（用手指劃過刮刀會留下痕跡）。用細孔濾器過濾奶油醬，並倒入巧克力中，接著用橡皮刮刀攪拌。

3 將乳霜倒入有邊矽膠烤盤，撒上約略磨碎的榛果，冷凍。

6 倒入有邊矽膠烤盤，放入預熱至 170℃的烤箱中烤 9 分鐘。

組合

7 將蕎麥蛋糕體、巧克力乳霜都切成 5×22 公分的長方片狀。為 2 片蛋糕體分別鋪上薄薄一層榛果帕林內。

8 在巧克力乳霜上疊上一層果凝，接著將這二層疊在 1 片蛋糕體上。重複同樣的步驟一次。

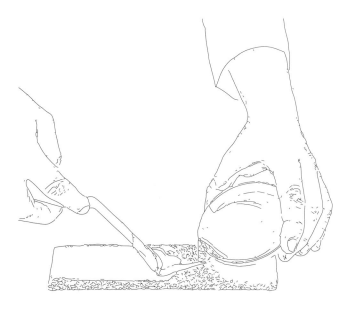

阿蒂沃巧克力慕斯

9 將巧克力隔水加熱至融化。在這段時間，將鮮奶油打發至形成泡沫狀質地（仍保持流動性）。

10 在平底深鍋中將糖和少許的水煮至 121℃，在 119℃ 時將鍋子離火，因為糖之後仍會有餘溫繼續烹煮。

11 在不鏽鋼盆中攪打蛋黃和蛋，直到形成滑順質地，接著混入熱糖漿，一邊攪拌。接著將「炸彈麵糊」（l'appareil à bombe，即蛋黃霜）混入融化的巧克力中，一邊以橡皮刮刀快速攪拌，但不需完全均勻。

12 最後分 2 次加入打發鮮奶油，快速攪拌至均勻，接著立即裝入擠花袋。

13 在圓柱狀慕斯圈底部鋪上保鮮膜。填入巧克力慕斯（約填至一半），接著插入疊起的條狀蛋糕體。用巧克力慕斯填滿至模型高度，冷凍保存 5 小時。脫模，你獲得了「未裝飾」的蛋糕卷。冷藏解凍 3 小時。

黑絲絨巧克力

14 將巧克力和可可脂隔水加熱至融化，加入竹炭粉，接著以手持式電動攪拌棒攪拌。將黑絲絨巧克力加熱至 40℃，接著倒入噴槍中，接著噴在冷凍蛋糕卷上，直到形成均勻表層。

樹皮

15 將巧克力以小火微波加熱至融化。將 2/3 的巧克力倒在玻璃紙上，接著用抹刀薄薄地鋪開。

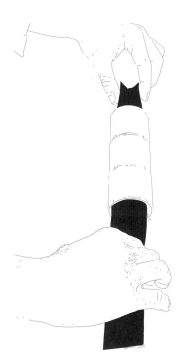

16 將鋪有巧克力的玻璃紙捲成圓形，插入管狀物（例如紙巾滾筒或慕斯圈），接著冷凍 5 分鐘。

17 將玻璃紙取出，接著刷上融化的巧克力，並用手摩擦。如此便可形成木紋效果。

裝飾

18 將巧克力樹皮剝成小塊，用融化的巧克力黏在蛋糕卷上。

Quentin Lechat
昆汀・萊查

聽昆汀・萊查說話，不會覺得他是從事糕點業⋯尤其他直接聲明他既不愛甜點，也不愛糖。因此他並不是很認真地報名參加歐洲專業烹飪中心（CEPROC）的糕點訓練，唯一吸引他的是，確信美食可以讓他去旅行。但後來的實作和接觸讓他產生了無與倫比的熱忱。他成了這一行的高手，展現了輝煌的前程。自2018年3月在 Jardin Privé 成立 T' Time 以來，吸引了全巴黎的老饕。光是他布丁塔上的奶油霜，便令各種網誌和美食狂熱份子瘋狂。而他的檸檬塔更是無比精細的美味。這道蛋糕卷巧妙地結合了巧克力、榛果和佛手柑，再度證明了這位糕點師的才華。

Bûche noisette, yuzu, citron
柚子檸檬榛果蛋糕卷

製作 3 小時
加熱 1 小時 30 分鐘
烘焙時間 20 分鐘
冷藏 一個晚上＋3 小時
冷凍時間 6 小時
2 天完成

用具
樋形蛋糕卷模（Exopan® 牌）
35×35 公分的方形慕斯框
矽膠烤墊（Silpat® 牌）
漏斗型濾器

溫度計
刮刀
手持式電動攪拌棒
裝有花嘴的擠花袋

材料・8人份蛋糕卷2個

香草白鏡面 le glaçage blanc vanillé
（前 1 天製作）
砂糖 100 克
水 50 克
香草莢 ½ 根
葡萄糖漿 100 克
煉乳 66 克
吉利丁塊（吉利丁粉 6 克＋冷水 42 克）48 克
白巧克力 50 克
可可脂含量 33% 的牛奶巧克力 50 克

榛果奶酥 le crumble noisette
榛果粉 50 克
麵粉 40 克
黑糖（sucre muscovado 或紅糖 cassonade）16 克
紅糖 33 克
細鹽 1 撮
奶油 50 克

榛果軟蛋糕體
le biscuit moelleux noisette
蛋白 125 克（約 5 顆蛋）
砂糖 25 克
生榛果粉（poudre de noisettes brutes）230 克
杏仁粉 77 克

糖粉 50 克
馬鈴薯澱粉（fécule de pomme de terre）30 克
香草莢 ½ 根
蛋 205 克（約 4 顆蛋）
蜂蜜 125 克
奶油 140 克

榛果藜麥酥
le croustillant noisette-quinoa
楓糖漿 165 克
藜麥米香（quinoa soufflé）20 克
切碎榛果 90 克
牛奶巧克力 50 克
榛果醬 23 克
榛果帕林內 50 克
榛果奶酥 crumble noisette（如左）95 克
爆米香 50 克
鹽之花 1 撮

榛果柚子帕林內奶油霜 le crémeux praliné noisette-yuzu
脂肪含量 30% 的液態鮮奶油 70 克
吉利丁塊（吉利丁粉 1 克＋冷水 7 克）8 克
榛果帕林內 110 克
榛果醬 15 克
鹽之花 1 撮
柚子汁 23 克

榛果檸檬達克瓦茲蛋糕體 le biscuit dacquoise noisette-citron
生榛果粉 80 克
黃檸檬皮 ¼ 顆
糖粉 80 克
蛋白 100 克（約 3 顆蛋）
砂糖 10 克
切碎榛果 15 克

香草榛果慕斯
la mousse vanille-noisette
脂肪含量 30% 的液態鮮奶油 180 克（香草液用 20 克＋打發鮮奶油用 160 克）
新鮮牛乳 60 克
大溪地香草莢 ½ 根
蛋黃 24 克（約 2 顆小蛋黃）
糖 16 克
吉利丁塊 24 克（吉利丁粉 3 克＋冷水 21 克）
白巧克力 27 克
榛果醬 20 克

牛奶巧克力岩石鏡面
le glaçage rocher chocolat au lait
杏仁粒 150 克
牛奶巧克力 500 克
可可脂 50 克
葡萄籽油 30 克

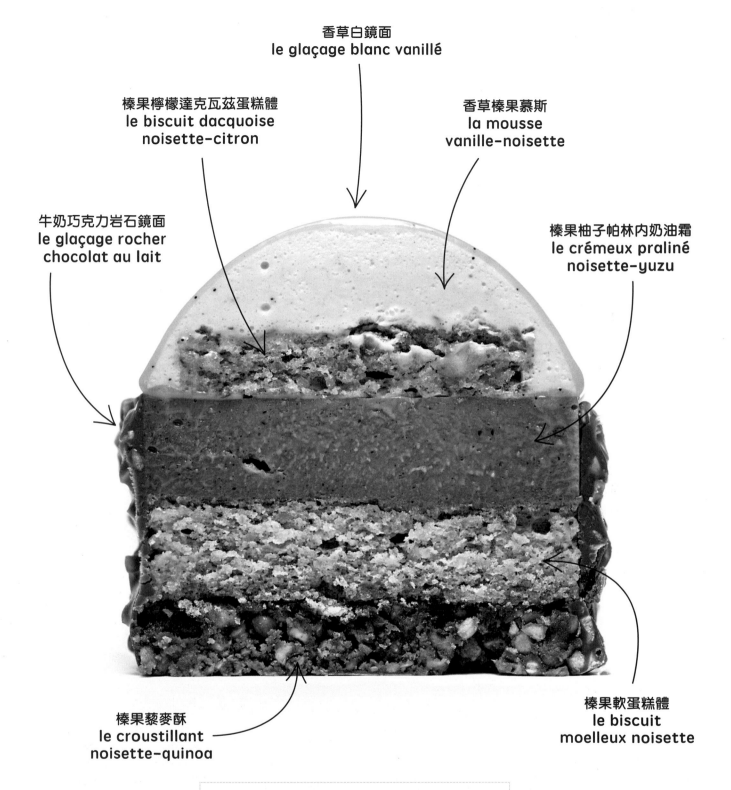

香草白鏡面
le glaçage blanc vanillé

榛果檸檬達克瓦茲蛋糕體
le biscuit dacquoise
noisette-citron

香草榛果慕斯
la mousse
vanille-noisette

牛奶巧克力岩石鏡面
le glaçage rocher
chocolat au lait

榛果柚子帕林內奶油霜
le crémeux praliné
noisette-yuzu

榛果藜麥酥
le croustillant
noisette-quinoa

榛果軟蛋糕體
le biscuit
moelleux noisette

作品名稱：**Bûche l'arche de Noël** 聖誕方舟蛋糕卷
創作者：**Jérémy Del Val** 傑若米・戴勒瓦
Dalloyau，巴黎

香草白鏡面（前 1 天製作）

1 在平底深鍋中將砂糖、水、取籽香草莢和葡萄糖漿煮沸。繼續煮至 105℃。加入煉乳和吉利丁塊，拌勻後倒入巧克力中。用電動攪拌棒攪拌，冷藏一個晚上，讓備料凝固。

榛果奶酥

2 混合榛果粉、麵粉、糖和 1 撮鹽，加入奶油，全部拌勻後擺在鋪有烤盤紙的烤盤上，在預熱至 155℃的烤箱烘焙 18 至 20 分鐘。保留製作榛果藜麥酥使用。

榛果軟蛋糕體

3 將蛋白打發，並用 25 克的砂糖攪拌至緊實。在裝有攪拌槳的電動攪拌機碗（或不鏽鋼盆）中，混合榛果粉、糖粉、馬鈴薯澱粉和從香草莢刮下的香草籽。加入全蛋，接著加入蜂蜜和融化奶油。最後用橡皮刮刀輕輕混入打發蛋白，攪拌至形成均勻的料糊。

4 用曲型抹刀鋪在 35×35 公分的方形慕斯框中，接著放入預熱至 160℃的烤箱烤 20 分鐘。

榛果藜麥酥

5 將 30 克的楓糖漿倒入藜麥米香中，拌勻。

6 鋪在放有烤盤墊的烤盤上，放入預熱至 155℃的烤箱中烤 15 至 20 分鐘，烤至外層形成焦糖。

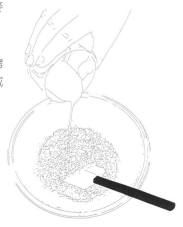

7 將 135 克的楓糖漿煮沸，接著倒入切碎榛果中，混合，就這樣靜置 20 至 30 分鐘。瀝乾後放入預熱至 155℃ 的烤箱中烤 15 至 20 分鐘，烤至外層形成焦糖。

8 將牛奶巧克力加熱至 40-45℃，讓巧克力融化，接著加入榛果醬、帕林內，再一起加熱至 40℃，加入所有的材料混合拌勻。

9 將 180 克的榛果藜麥酥倒入方形慕斯框中，用叉子或曲型抹刀稍微壓實。

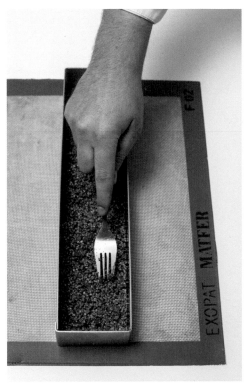

10 鋪上切成方形慕斯框大小的榛果軟蛋糕體，冷藏保存。

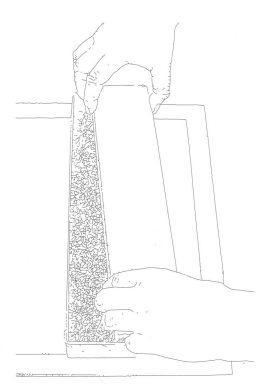

榛果柚子帕林內奶油霜

11 在平底深鍋中加熱鮮奶油，加入吉利丁塊，攪拌至完全溶解。分 3 次倒入帕林內和榛果醬中，每次倒入時都從中央開始攪拌，以製作平滑並帶有光澤的甘那許。

12 加入鹽之花、柚子汁，用手持式電動攪拌棒攪打。

13 直接將做好的奶油霜 200 克淋入擺在方形慕斯框中的蛋糕體上，接著冷藏 3-4 小時，讓奶油霜凝固。在奶油霜凝固後脫模，切成蛋糕卷模的大小，接著繼續冷凍 3 小時。

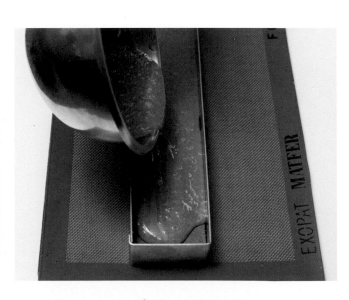

榛果檸檬
達克瓦茲蛋糕體

14 混合榛果粉、果皮和糖粉。在不鏽鋼盆或裝有球狀攪拌棒的電動攪拌缸中，將蛋白和砂糖打發至緊實的蛋白霜。用橡皮刮刀分 3 次混入榛果粉、果皮和糖粉的混合物。

15 沿著描出方形慕斯框大小的模板，將麵糊鋪在裝有烤盤紙的烤盤上。

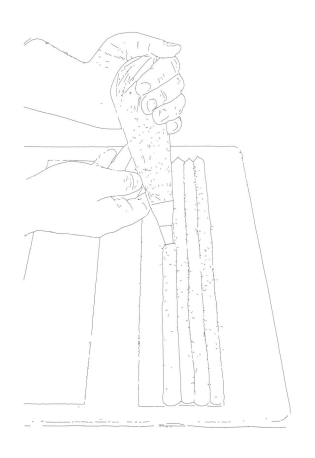

16 撒上碎榛果，放入預熱至 180℃ 的烤箱中烤 12 至 14 分鐘。

香草榛果慕斯

17 在平底深鍋中將 20 克的鮮奶油、牛乳和香草（香草籽＋香草莢）煮沸，熄火，浸泡至少2小時。用漏斗型網篩過濾，接著倒回平底深鍋中，煮至微滾。混合蛋黃和砂糖，倒入熱的牛乳和鮮奶油的混合物，拌勻後再倒回平底深鍋中，煮至83℃，如同英式奶油醬。整個淋在吉利丁塊上，拌勻。用漏斗型網篩過濾至白巧克力和榛果醬上，用手持式攪拌棒攪打。

18 將剩餘的鮮奶油打發。放涼至 20-22℃後，用橡皮刮刀小心地加入打發鮮奶油，並倒入擠花袋中。

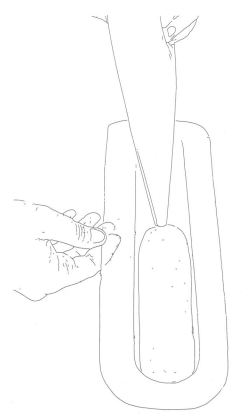

19 用擠花袋直接擠在蛋糕卷模中。

20 蓋上切成模型大小的達克瓦茲蛋糕體，冷凍至少 3 小時。

牛奶巧克力岩石鏡面

21 將杏仁粒擺在鋪有烤盤紙的烤盤上，接著放入預熱至 150°C 的烤箱烘烤約 20 分鐘。以隔水加熱（或微波）的方式，將巧克力和可可脂加熱至融化，加入葡萄籽油和杏仁粒。拌勻並保存在常溫下，在 35°C 時使用。

組裝

下半部

22 將第 1 塊的榛果藜麥酥取出，接著浸泡在 35°C 的「牛奶巧克力岩石鏡面」裡。

上半部

23 將第 2 塊的達克瓦茲蛋糕體脫模在網架上，淋上 24-26°C 的香草白鏡面。

24 擺在下半部上，冷藏保存 3 小時後再品嚐（可加上喜歡的餅乾裝飾）。

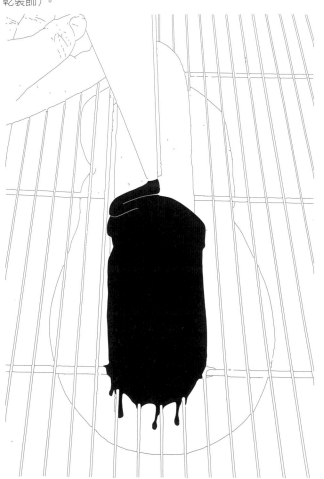

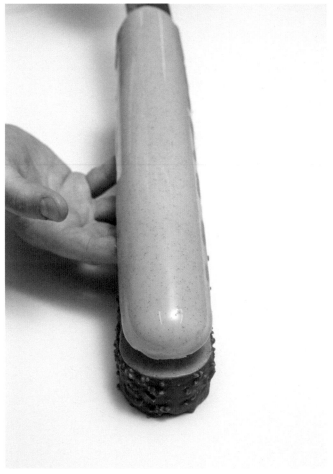

Jérémy Del Val
傑若米‧戴勒瓦

33 歲的傑若米‧戴勒瓦具有足夠的膽識,才能主宰他在著名的 Maison Dalloyau「甜蜜」的命運。Maison Dalloyau 是他從 5 歲開始便全力支持的巴黎經典糕點店,在此他發揮才華重新詮釋經典作品,並逐漸加入他的個人風格。這位 2014 年的法國甜點冠軍,在美食的技藝中表現出眾。作品先是吸引眾人的目光,之後再取悅大家的味蕾。由於他巧妙地運用了帕林內的美味與水果的清爽,每一口的味道都非常純粹、細緻,而且永遠維持味覺和口感上的均衡。他在這道 2018 年聖誕節創作的蛋糕卷中,結合了榛果和柚子的美味和清爽,形成味道和口感的微妙和諧;爆米香和藜麥的組合帶來酥脆蓬鬆感,而帕林內奶油霜和榛果香草慕斯,則營造出滑順的甜美風味。恰到好處的平衡,是無人能抗拒的蛋糕卷。

Bûche chocolat, framboise & shiso rouge

覆盆子紅紫蘇巧克力蛋糕卷

製作 3 小時
加熱 28 分鐘
冷藏 一個晚上 + 3 小時
冷凍時間 一個晚上 + 3 小時
2 天完成

用具
枕頭型 PL W01 模型 2 個（Silikomart® 牌）
31.5 公分的有邊矽膠烤盤
霧面用玫瑰噴霧罐（Deco'relief® 牌）

金屬厚度尺
刮刀
溫度計

材料・6人份蛋糕卷2個

覆盆子紅紫蘇果凝 la gelée framboise-shiso rouge（前 1 天製作）
紅紫蘇汁 350 克
紅紫蘇葉 10 片
覆盆子泥 140 克
糖 21 克
果膠 6 克

巧克力甜酥塔皮 la pâte sucrée chocolat（前 1 天製作）
膏狀奶油 45 克
糖粉 28 克
全蛋 15 克（約 1 顆小蛋的⅓）
T55 麵粉 60 克
可可粉 8 克
杏仁粉 13 克

酥餅 le croustillant
巧克力甜酥塔皮 70 克（見左側）
酥脆薄片（feuilletine 或法式薄餅碎片）70 克
榛果帕林內 65 克
可可脂 20 克

無麵粉巧克力蛋糕體 le biscuit chocolat sans farine
可可粉 28 克
澱粉（fécule）8 克
蛋白 150 克（約 5 顆蛋）
糖 130 克
蛋黃 80 克（約 4 顆蛋）

紅寶石巧克力奶油醬 la crème chocolat Ruby
蛋黃 32 克（約 2 顆蛋）
糖 8 克
全脂牛乳 80 克
脂肪含量 35% 的鮮奶油 80 克
吉利丁 ½ 片
紅寶石巧克力（chocolat type Ruby）80 克

巧克力慕斯 la mousse chocolat
黑巧克力 *115 克
脂肪含量 35% 的鮮奶油 325 克（打發鮮奶油用 50 克＋炸彈麵糊用 275 克）
馬斯卡彭乳酪 90 克
糖 40 克
蛋黃 80 克（約 4 顆蛋）

裝飾
粉紅巧克力球
翻糖（pâte à sucre）星星
銀粉（Poudre d'argent）

→ 詳細資訊
* 黑巧克力：法芙娜 Valrhona® 坦尚尼亞（Tanzanie）75%

無麵粉巧克力蛋糕體
le biscuit chocolat
sans farine

巧克力慕斯
la mousse
chocolat

紅寶石巧克力奶油醬
la crème
chocolat Ruby

酥餅
le croustillant

覆盆子紅紫蘇果凝
la gelée framboise-
shiso rouge

創作者：**Masatoshi Takayanagi**
糕點店：**pâtisserie-salon de thé Takayanagi**，勒芒

覆盆子果凝（前1天製作）

1 在平底深鍋中將果汁、紫蘇葉和覆盆子果泥煮沸。將葉子撈出，倒入預先混合的糖和果膠，接著再度煮沸，倒入有邊矽膠烤盤中達8公釐的厚度，形成寬13公分、長度同烤盤的長方形。冷藏保存。

巧克力甜酥塔皮（前1天製作）

2 混合膏狀奶油和糖粉，加入蛋攪拌至乳化，最後再加入預先混合的麵粉、可可粉和杏仁粉。稍微壓平，包上保鮮膜，冷藏保存1小時。取出擀至3公釐的厚度，在預熱至160℃的烤箱中烤20分鐘。預留備用。

酥餅

3 將巧克力甜酥塔皮弄碎，混合酥脆薄片，接著混入預先融化的可可脂和榛果帕林內。

4 在模型中鋪至1公分厚，輕輕壓實，並用抹刀抹平。冷凍至少2小時。

無麵粉巧克力蛋糕體

5 混合可可粉和澱粉。將蛋白和糖打發成泡沫狀蛋白霜，接著用橡皮刮刀混入澱粉和可可粉。

6 加入蛋黃，拌勻後，在放有烤盤紙的烤盤上將麵糊鋪至5公釐厚，鋪至烤盤邊緣。放入預熱至200℃的烤箱中烤8分鐘。

紅寶石巧克力奶油醬

7 將蛋黃和糖攪拌至泛白。在平底深鍋中將牛乳和液態鮮奶油煮沸，接著倒入泛白的蛋黃中，再倒回平底深鍋中，煮至 85℃，接著混入預先泡水擠乾的吉利丁片。分 2 次倒入紅寶石巧克力中，接著用橡皮刮刀拌勻。倒入有邊矽膠烤盤，用厚度尺製作寬 6 公分的長條。預留備用。

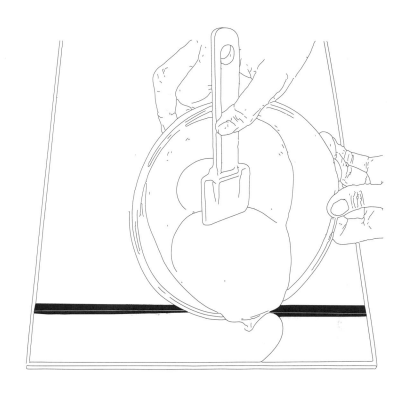

巧克力慕斯

8 將巧克力隔水加熱至融化。將鮮奶油 50 克和馬斯卡彭乳酪攪打至形成泡沫狀質地。將 1/3 的打發奶油醬混入 50℃的融化巧克力，如同製作甘那許般，用力攪拌。

9 在平底深鍋中將鮮奶油 275 克和糖煮沸，倒入蛋黃中，隔水加熱煮至 80℃。倒入裝有球狀攪拌棒的電動攪拌缸中，接著攪拌至形成濃稠滑順的質地。將這炸彈麵糊（pâte à bombe）和剩餘的打發奶油醬混入先前的備料中，一開始先從中央開始攪拌，如同甘那許般，接著將慕斯稍微舀起般的混合均勻。

組裝與裝飾

10 將 250 克的巧克力慕斯倒入模型底部。用湯匙的匙背將慕斯鋪至模型邊緣。

11 將蛋糕體切成 6×31.5 公分的 2 條。

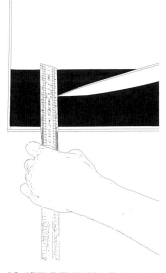

12 將覆盆子果凝切成 6×31.5 公分的 2 條。

13 鑲嵌的夾心部分：將 1 片果凝擺在蛋糕體上，接著是 1 片紅寶石奶油醬，再放上 1 條果凝，最後是 1 片蛋糕體。

14 將鑲嵌夾心的長度切半（每塊蛋糕卷 1 條鑲嵌）。

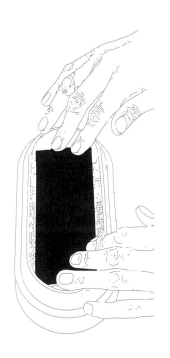

15 將鑲嵌夾心放入模型，輕輕壓入慕斯中。

16 蓋上約 110 克的慕斯，接著用抹刀抹平。

17 為酥餅脫模，擺在慕斯上，冷凍至少 3 小時。將蛋糕卷脫模在網架上，用噴霧罐噴上霧面。如圖所示放上裝飾素材，冷藏保存 3 小時後再品嚐。

Masatoshi Takayanagi

高柳 Masatoshi

出生在日本東京市郊的高柳先生在 2000 年來到巴黎。他前往勒芒，在 chocolatier Bellanger 巧克力專賣店學習。這次的經驗令他心生嚮往，於是在 2008 年回到 chocolatier Bellanger，但這次是來工作。2013 年，他和一位日本同鄉合夥開了一間為當地人供應帶有日本色彩的甜點店，例如蘇達希塔（tarte sudashi），或散發芝麻香的巴黎東京（Paris-Tokyo）。唯有當季的草莓蛋糕（fraisier）是以蓬鬆的蛋糕體和超清爽的香醍鮮奶油，製成的 100％日本風味。在這道優雅的蛋糕卷中，他不假思索地加入了日本的紅紫蘇（亦稱為日本的羅勒，經常用於日本料理中），並用巧克力和覆盆子巧妙地結合了柔軟、入口即化和酥脆的口感，形成既清爽又可口的完美味道平衡。這是一道會讓所有人都讚不絕口的甜點。

Bûche café, praliné, noisette

帕林內榛果咖啡蛋糕卷

製作 3 小時
加熱 30 分鐘
冷藏 一個晚上 + 3 小時
冷凍時間 3 小時
2 天完成

用具
直徑 3 公分的半球形模型
22×22×4 公分的方形慕斯框
裝有花嘴（20 號花嘴）的擠花袋
巧克力造型專用紙（Feuille guitare）

材料・6人份蛋糕卷

咖啡浸泡液 l'infusion café
（前 1 天製作）
衣索比亞咖啡豆 *80 克
液態鮮奶油 400 克

香草雲 le nuage vanille（前 1 天製作）
香草莢 2 根
蜂蜜（百花蜜或金合歡花蜜）25 克
葡萄糖 200 克
吉利丁 3 片
蛋白 200 克（約 7 顆蛋）

榛果軟蛋糕體
le biscuit moelleux noisette
蛋白 140 克（打發蛋白用 110 克＋麵糊用 30 克）
蛋黃 35 克（約 1.5 顆蛋）
奶油 100 克
榛果粉 100 克
糖 90 克（打發蛋白用 15 克＋麵糊用 75 克）
糖粉 35 克　　麵粉 50 克
泡打粉 4 克

咖啡帕林內酥
le croustillant praliné-café
牛奶巧克力 ***60 克
奶油 10 克
烘烤的榛果 160 克
咖啡粉（café moulu）**20 克
酥脆薄片（feuilletine 或法式薄餅碎片）55 克
鹽之花 2 克

咖啡牛奶慕斯 la mousse lactée café
咖啡浸泡液 200 克（見左側）
液態鮮奶油 400 克
牛奶巧克力 ***300 克
吉利丁 2 片

牛奶榛果岩石糖衣
l'enrobage rocher lait-noisette
牛奶巧克力 ***750 克
可可脂 50 克
烘烤的榛果粒 75 克

帕林內夾心 l'insert praliné coulant
榛果帕林內 200 克
咖啡粉 **20 克

裝飾
牛奶巧克力 300 克
防潮糖粉 15 克（或糖粉 7.5 克＋玉米粉 Maïzena®7.5 克）
咖啡粉 10 克

→ 詳細資訊
* 咖啡豆：產自衣索比亞帶有果香的咖啡品種
** 咖啡粉：古吉（Guji）高地森林
*** 牛奶巧克力：法芙娜白希比（Bahibe）46%

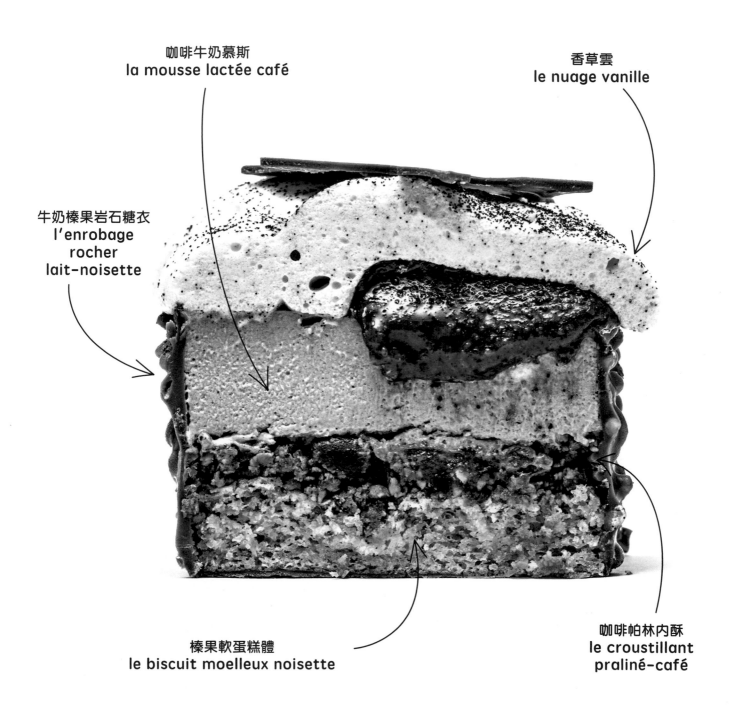

咖啡牛奶慕斯
la mousse lactée café

香草雲
le nuage vanille

牛奶榛果岩石糖衣
l'enrobage
rocher
lait-noisette

榛果軟蛋糕體
le biscuit moelleux noisette

咖啡帕林內酥
le croustillant
praliné-café

作品名稱：**Qui café la bûche 誰的咖啡蛋糕卷**
創作者：**Clément Higgins 克萊蒙・伊金**
糕點店：**Bricoleurs de douceurs**，馬賽

咖啡浸泡液（前 1 天製作）

1 將咖啡豆磨碎，接著和鮮奶油一起煮沸。熄火，覆蓋保鮮膜，冷藏浸泡一個晚上。

香草雲（前 1 天製作）

2 在平底深鍋中加熱蜂蜜、葡萄糖和從香草莢上刮下的香草籽。離火，加入預先泡軟並擰乾的吉利丁片，接著倒入蛋白中。拌勻後冷藏保存一個晚上。

榛果軟蛋糕體

3 將蛋白和糖打發至形成鳥嘴狀的蛋白霜。

4 將奶油加熱至融化，放涼。在裝有攪拌槳的電動攪拌機的攪拌缸中，混合榛果粉、糖、糖粉、麵粉和泡打粉，接著混入蛋黃和麵糊用的蛋白，最後是冷卻的融化奶油。用打蛋器混合 ¼ 的蛋白霜，讓備料軟化，接著用橡皮刮刀混入剩餘蛋白霜。

5 將方形慕斯框擺在鋪有烤盤紙的烤盤上，倒入麵糊，在預熱至 150℃ 的烤箱烤約 30 分鐘。

咖啡帕林內酥

6 將牛奶巧克力和奶油加熱至融化。用食物料理機攪打榛果和咖啡粉，同時務必要保存一些榛果粒。混入融化的巧克力，接著倒入酥脆薄片、鹽之花中，拌勻。

7 將上述備料鋪在方形慕斯框中仍溫熱的榛果軟蛋糕體上，接著冷藏保存，讓咖啡帕林內酥凝固。

咖啡牛奶慕斯

8 將巧克力隔水加熱至 40℃，讓巧克力融化。過濾 200 克的咖啡浸泡液，並保留表層的咖啡油脂（crème）的部分，接著煮沸。加入預先泡軟並擰乾的吉利丁片，接著分 2 次倒入融化的巧克力中，用打蛋器仔細從中央開始攪拌，以進行出色的乳化。

9 將液態鮮奶油攪打至形成泡沫狀質地。

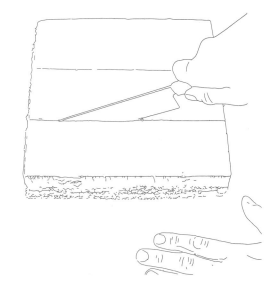

10 分 3 次混入降溫至 35℃的甘那許（第 1 次的作用是使混合物軟化）。

11 將慕斯倒入先前使用的方形慕斯框中，冷凍至少 3 小時。

12 切成 3 個 22×7 公分的長方形。

牛奶榛果岩石糖衣

13 將牛奶巧克力和可可脂隔水加熱至 45℃，讓材料融化，加入榛果粒，接著將蛋糕卷浸入糖衣中，同時小心不要沾到表面部分。擺在網架上，接著冷藏。

帕林內夾心

14 混合帕林內和咖啡粉，填入擠花袋後，擠在半球模型中。輕敲工作檯，讓表面平整，冷凍至少 3 小時。

牛奶巧克力裝飾

15 將牛奶巧克力加熱至 40℃，讓巧克力融化，以便分解結晶，接著加入冷的鈕扣狀巧克力（pistoles de chocolat），讓溫度降至 31℃。接著可用刮刀混拌，鋪在巧克力造型專用紙上約厚 1.5 公釐，讓巧克力凝固，接著用壓模裁成星形。

組裝與裝飾

16 將半球狀的帕林內夾心從矽膠模中取出，接著在蛋糕卷表面間隔排放。

17 在裝有球狀攪拌棒的電動攪拌缸中，將香草雲攪拌約 10 分鐘，讓香草雲膨脹並形成漂亮的濃稠泡沫，填入裝有 20 號花嘴的擠花袋，接著擠在半球狀的帕林內夾心上，在剩餘的表面擠上小球狀。

18 最後篩上防潮糖粉和咖啡粉，接著將巧克力星星擺在上方裝飾。冷藏保存 3 小時後再品嚐。

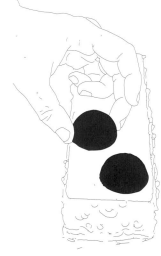

Clement Higgins

克萊蒙・伊金

克萊蒙・伊金的祖母是名優秀的糕點師，對她來說阿爾薩斯的特產沒有祕密。若不是出於對祖母無條件的愛，克萊蒙不會走上甜點之路。在念完法律碩士後，他轉戰新聞業，為了填補培訓（formation en alternance）的空閒時間，他在城裡一家時尚披薩店工作。這家店的店主過去是蓋伊・薩沃伊（Guy Savoy）的三星甜點主廚，他將做甜點的癖好傳染給他。克萊蒙・伊金就這樣開始做蛋糕，而且從此不再停手。他和受過飯店培訓的伴侶一起成立甜點廚房，並開始為餐廳和一些個人客戶提供服務。接著在 2015 年底，他想在居住已久馬賽的這一區定居，於是「Bricoleurs de Douceurs」就在優雅的藍白色牆面環繞下誕生了。這道蛋糕卷是顧客們非常喜愛的夾心蛋糕：「What else」的改良版，將咖啡、帕林內和香草的組合搬到蛋糕卷上，千層酥的酥和咖啡豆的脆，搭配慕斯細緻的味道和咖啡帕林內的濃郁，不同口感和味道之間極為出色的巧妙運用，全心奉獻給甜點的愛好者。

Bûche mangue & coco
芒果椰子蛋糕卷

製作 3 小時
加熱 1 小時
冷藏 一個晚上 + 4 小時
冷凍時間 8 小時
2 天完成

用具
30×40 公分的方形慕斯框
25 公分的專業聖誕蛋糕卷模 2 個
（Silikomart® 牌）
28 公分桶形蛋糕模 2 個（Daudignac® 牌
／編號：JD030.03）

裝有花嘴（Wilton® 牌 125 Saint Honoré
小花嘴）的擠花袋
電動攪拌機
溫度計
尺
刮刀

材料 · 8人份蛋糕卷2個

椰子香醍鮮奶油（前 1 天製作）
la chantilly coco
水 9 克
吉利丁 1.5 克（凝結力值 Bloom 200）
鮮奶油（crème fleurette）200 克
砂糖 18 克
馬斯卡彭乳酪（mascarpone）25 克
椰子泥（purée de coco）50 克
椰子精萃（extrait de coco）1 克

椰子蛋糕體 le biscuit coco
杏仁粉 75 克
椰子粉 115 克
紅糖 147 克
糖粉 35 克
鹽 1 克
蛋黃 84 克（約 4 顆蛋）
蛋白 262 克（杏仁椰子糊用 52 克＋打發
蛋白用 210 克）
奶油 157 克
砂糖 32 克
T45 麵粉 87 克

芒果百香奶油霜
le crémeux mangue-Passion
吉利丁 6 克（凝結力值 Bloom 200）
水 36 克
玉米澱粉（amidon de maïs）8 克
砂糖 48 克
芒果泥 320 克
果膠 4 克
百香果泥 40 克
奶油 70 克

椰子甜酥塔皮 la pâte sucrée coco
麵粉 225 克
糖粉 85 克
烘焙椰子粉 27 克
鹽 1 克
奶油 150 克
中型蛋 1 顆

椰子慕斯 la mousse coco
義式蛋白霜（meringue italienne）
砂糖 75 克
葡萄糖 30 克（非必要）
水 25 克
蛋白 60 克（約 2 顆蛋）

慕斯 la mousse
吉利丁 12 克（凝結力值 Bloom 200）
水 72 克
脂肪含量 30% 的液態鮮奶油 400 克
椰子泥 400 克
椰漿 80 克
義式蛋白霜 150 克（見左側）

芒果鏡面 le glaçage mangue
水 250 克
芒果泥 250 克
青檸檬汁 8 克
食用閃亮金粉（poudre d'or scintillante）
1 克
糖 300 克
NH 果膠 20 克

最後修飾
新鮮椰子刨花 10 片
新鮮芒果丁 10 塊

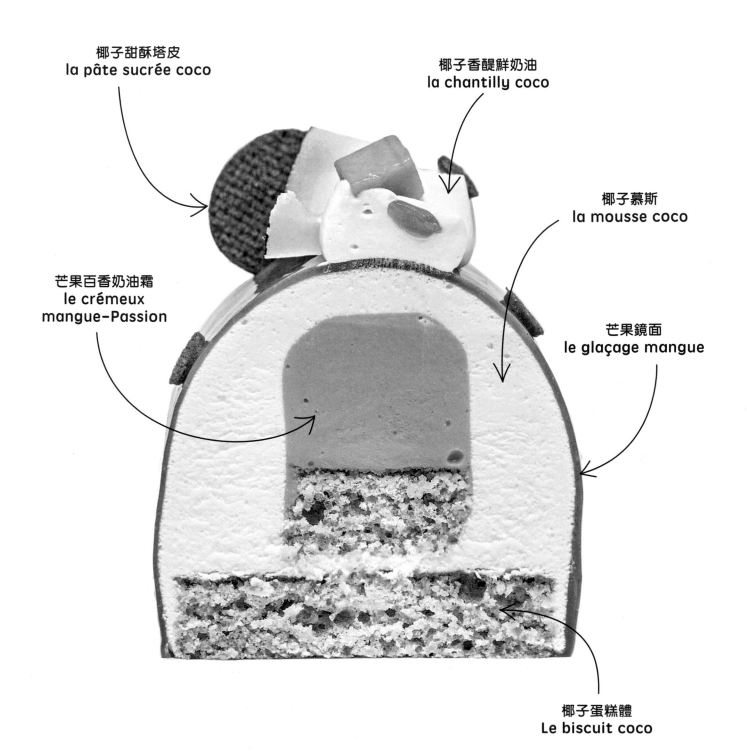

椰子甜酥塔皮
la pâte sucrée coco

椰子香醍鮮奶油
la chantilly coco

椰子慕斯
la mousse coco

芒果百香奶油霜
le crémeux
mangue-Passion

芒果鏡面
le glaçage mangue

椰子蛋糕體
Le biscuit coco

創作者：**Sébastien Bruno** et **Erwan Blanche**
塞巴斯蒂安·布魯諾與爾文·勃朗許
Boulangerie Utopie，巴黎

椰子香醍鮮奶油（前 1 天製作）

1 混合水和吉利丁，接著讓吉利丁還原膨脹 30 分鐘。加熱 1/3 的鮮奶油和糖，接著加入吉利丁。拌勻後混入馬斯卡彭乳酪、椰子泥、椰子精萃和剩餘的冷鮮奶油。用手持電動攪拌棒攪打，接著冷藏保存至隔天。

椰子蛋糕體

2 在裝有攪拌槳的電動攪拌機碗中，混合杏仁粉、椰子粉、紅糖、糖粉、鹽、蛋黃、52 克的蛋白和 45℃的融化奶油。

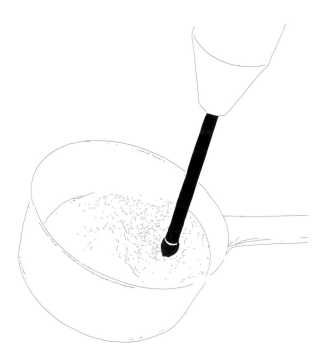

3 在裝有球狀攪拌棒的電動攪拌缸中，將 210 克的蛋白打發，並分 3 次加入砂糖，攪拌至緊實的蛋白霜。

4 在蛋黃糊中混入少部分的打發蛋白霜，讓蛋黃糊軟化，接著撒上麵粉，輕輕混合後，分二次混入剩餘的打發蛋白霜。

5 將方形慕斯框擺在鋪有烤盤紙的烤盤上，在慕斯圈裡倒入上述麵糊。將表面抹平，讓麵糊的厚度平均，接著放入預熱至 180℃的旋風烤箱中烤 25 至 30 分鐘。

6 切成 9×25 公分的 2 條，和 4×28 公分的 2 條蛋糕體。

芒果百香奶油霜

7 混合吉利丁和冷水，接著讓吉利丁膨脹 30 分鐘。混合澱粉、糖和果膠。在平底深鍋中將芒果泥加熱至微溫，接著混入混合好的澱粉。煮沸後用電動攪拌棒攪打 1 分鐘。加入吉利丁和奶油，再度以電動攪拌棒攪打至完全融合。

8 放涼至 40 至 45℃，接著均勻地鋪在樋形蛋糕模中。蓋上寬 4 公分的椰子蛋糕體，冷凍 4 小時。

椰子甜酥塔皮

9 在不鏽鋼盆或沙拉碗中倒入麵粉、糖粉、椰子粉和鹽。拌勻後混入切塊的冷奶油（4℃），最後加入蛋。在麵團均勻時移至烤盤上，冷藏保存至少 1 小時。

10 將麵團擀至 2.5 公釐厚，接著切成 10 幾個 9×8.5 公分的長方形，以及不同大小的圓片。擺在鋪有烤盤紙的烤盤上，在預熱至 160℃的烤箱烤 25 至 30 分鐘。

椰子慕斯

義式蛋白霜

11 將糖、葡萄糖和水煮至 121℃。在糖漿達 115℃時，在裝有球狀攪拌棒的電動攪拌缸中，以中速將蛋白打發至形成泡沫狀。

12 在糖漿達適當溫度時，以細流狀倒入蛋白霜中，接著持續攪打至冷卻。

慕斯

13 混合吉利丁和水，接著讓吉利丁還原膨脹 30 分鐘。在裝有球狀攪拌棒的電動攪拌缸中，將鮮奶油攪打至形成泡沫狀質地，冷藏保存（4℃）。

14 將椰漿煮至微滾，放入吉利丁，讓吉利丁融化，接著立即倒入冷的椰子泥中。放涼至 20-25℃。

15 將少量打發鮮奶油混入椰子等混合物中，接著用橡皮刮刀輕輕加入義式蛋白霜，最後加入剩餘的打發鮮奶油。

芒果鏡面

16 在平底深鍋中將水、芒果泥、青檸檬汁和 150 克的糖加熱至 50℃，接著撒上剩餘預先混入果膠的糖，一邊用打蛋器攪拌。煮沸，加入金粉後用電動攪拌棒攪打。過濾並移至適當容器中。在 45℃時使用。

組裝與裝飾

17 在每個蛋糕卷模中倒入 175 克的椰子慕斯。

18 將芒果百香奶油霜脫模切成蛋糕卷模的長度。擺在每個慕斯裡，蛋糕體朝上，向下按壓讓慕斯稍微浮出。

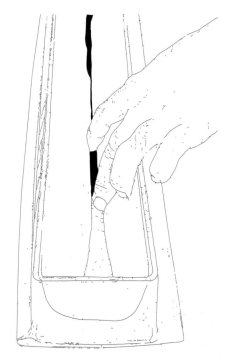

19 最後鋪上額外 100 克的慕斯，接著用抹刀抹平。

20 加入最後的蛋糕體以鋪滿模型，再度抹平，接著冷凍 4 小時。

21 將蛋糕卷脫模在網架上，淋上 45℃的芒果鏡面。
22 在裝有球狀攪拌棒的電動攪拌缸中，將椰子香醍鮮奶油打發，形成平滑濃稠的質地，接著倒入裝有聖多諾黑花嘴的擠花袋，為蛋糕卷進行裝飾。

23 在香醍鮮奶油上擠入小滴的鏡面。
24 將長方形的甜酥塔皮黏在二端，並隨意插上甜酥塔皮小圓片。最後放上一些芒果丁和一些薄片椰子刨花。冷藏保存 3 小時後再品嚐。

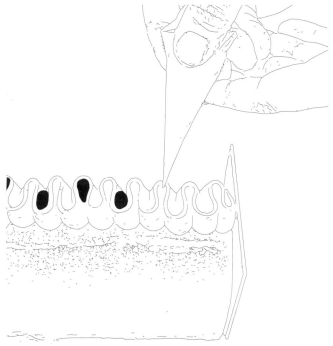

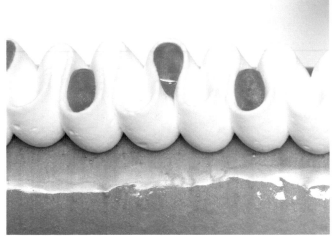

注意事項與建議

在義式蛋白霜的糖漿中加入葡萄糖，可形成更柔軟的質地。

至於椰子慕斯，一開始加入少量的打發鮮奶油是為了在混入蛋白霜時質地更均勻。

至於鏡面，在淋上鏡面後，請立即小心地將蛋糕卷移至餐盤上，因為鏡面凝固得很快。

若要節省時間，可考慮在開始製作配方之前，一次將吉利丁塊準備好。

Sebastien Bruno
et Erwan Blanche

塞巴斯蒂安‧布魯諾與爾文‧勃朗許

他們在就讀巴黎斐杭狄廚藝學院（école Ferrandi Paris）期間，建立起友誼與默契，boulangerie Utopie 就此誕生。2016 年他們在法國 M6 頻道的「法國最佳麵包師 La meilleure Boulangerie de France」節目上大放異彩後，這家店成了巴黎人的愛店之一。每逢周末，在這 11 區距離共和廣場（République）不遠的麵包糕點店，人行道上總是大排長龍。許多人都是老饕，想一嚐這廣場上最具創意雙人組的甜點。因為塞巴斯蒂安‧布魯諾與爾文‧勃朗許永遠不會缺乏想像力。除了色彩繽紛的可口麵包（活性炭、抹茶）以外，不到一星期的時間，他們就會推出新的產品，或是周末短暫販售的甜點。儘管顧客擠成一團，他們在 Instagram 上還有 45000 名粉絲追蹤。他們的芒果椰子蛋糕卷將假日回憶轉化為美味的節慶甜點，巧妙地混合了異國食材的口感和味道。

Bûche chocolat
& griottes confites
糖漬酸櫻桃巧克力蛋糕卷

製作 2 小時 30 分鐘
加熱 20 分鐘
冷藏 一個晚上＋ 2 小時
2 天完成

用具
35×8 公分的樋形蛋糕卷模
裝有花嘴（扁鋸齒花嘴）的擠花袋
刮刀

溫度計
網篩
糕點刷

材料·**6人份**

海綿蛋糕
la génoise（前 1 天製作）
蛋 6 顆
糖 175 克
麵粉 200 克
奶油 20 克

總統甘那許
la ganache Président
鮮奶油 150 克
純濃巧克力（chocolat extra-bitter）30 克
占度亞榛果巧克力（gianduja）225 克

馬拉斯加酸櫻桃潘趣酒
le punch Marasquin
糖 50 克
水 100 克
馬拉斯加酸櫻桃利口酒（liqueur
Marasquin）*50 毫升

裝飾
糖漬酸櫻桃 100 克
巧克力刨花（copeaux de chocolat）50 克
或黑巧克力磚（tablette de chocolat noir）
¼ 塊

→ 詳細資訊
* 馬拉斯加酸櫻桃利口酒：Bernachon®
手工櫻桃酒，如果沒有的話，可使用酒
類專賣店類似的白蘭地，或是用櫻桃酒
（kirsch）來取代。

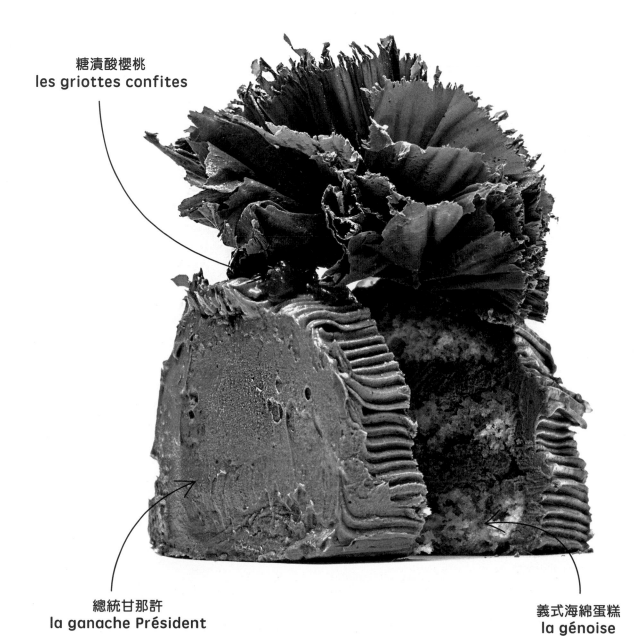

糖漬酸櫻桃
les griottes confites

總統甘那許
la ganache Président

義式海綿蛋糕
la génoise

作品名稱：**Bûche Président 總統蛋糕卷**
創作者：**Philippe Bernachon 菲利普·貝納頌**
Pâtisserie Bernachon，里昂

義式海綿蛋糕（前 1 天製作）

1 將蛋和糖隔水加熱至 45℃，一邊用打蛋器攪拌至糖充分溶解。在裝有球狀攪拌棒的電動攪拌缸中，以中速打發至形成緞帶狀。

2 將麵粉過篩。將奶油加熱至融化。用橡皮刮刀混入麵粉，接著是奶油。

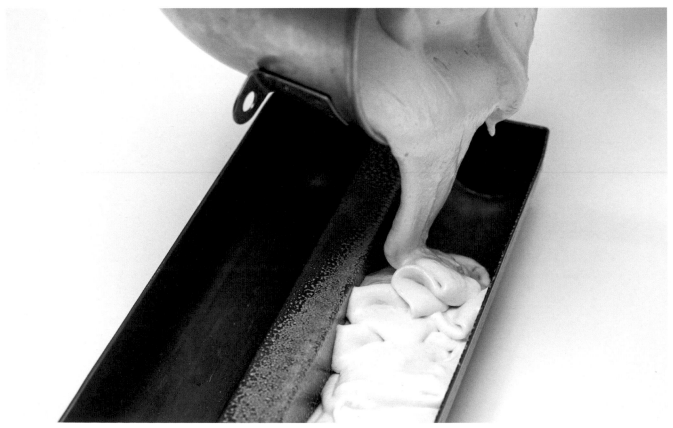

3 倒入預先刷上奶油的樋形蛋糕模，放入預熱至 180-200℃的烤箱中烤 10 分鐘。從烤箱中取出，在網架上放涼。放涼後，用保鮮膜包覆蛋糕體，以免乾燥。

總統甘那許（前 1 天製作）

4 在平底深鍋中將鮮奶油煮沸，經常攪拌。同一時間，在不鏽鋼盆中將巧克力和占度亞榛果巧克力切碎，接著倒入熱的鮮奶油，用打蛋器攪拌至形成平滑光亮的甘那許。冷藏保存。

馬拉斯加酸櫻桃潘趣酒（前 1 天製作）

5 在平底深鍋中將水和糖煮沸，煮沸 3 分鐘，倒入適當容器中，接著冷藏保存。在糖漿冷卻時，加入酒拌勻。冷藏保存。

組裝

6 沿著蛋糕體長邊，切成厚度相等的 3 個長條。

7 用糕點刷為每條蛋糕體刷上潘趣酒，蛋糕體應是柔軟的。

8 在不鏽鋼盆或沙拉碗中，稍微溫熱甘那許，一邊攪拌至平滑濃稠。

9 將甘那許填入擠花袋，擠在底部的蛋糕體上，厚度與蛋糕體一致。在整個表面撒上切碎的糖漬酸櫻桃。加上第二層刷有潘趣酒的蛋糕體，只擠上甘那許。

10 擺上第三層蛋糕體，冷藏2小時。

11 用抹刀將預先用刮刀拌軟的甘那許鋪在蛋糕卷的兩端。

12 用裝有扁鋸齒花嘴的擠花袋，為整個蛋糕卷鋪上甘那許。

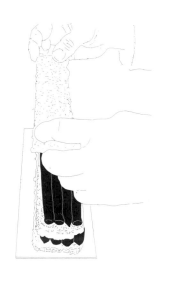

13 用削皮刀刨過常溫巧克力磚的邊緣，製作出刨花。以預先浸過水的抹刀將兩端抹平，最後用一些巧克力刨花進行裝飾。

注意
加熱蛋和糖有利於乳化，更可以打發成質地細緻的沙巴雍（sabayon）。

Philippe Bernachon
菲利普‧貝納頌

1953 年由莫里斯‧貝納頌創立的同名糕點店，在里昂儼然已成為知名地標。這些年來，這間第 6 區的商店，不僅是里昂忠實顧客經常駐足的地方，也是觀光客造訪高盧舊城會流連的場所，而且沒有品嚐到金磚蛋糕（Palet Or）或總統蛋糕（Président）—這些已經成為神話的作品就不會離開。為人津津樂道的是，莫里斯‧貝納頌是在 1975 年，保羅‧博庫斯（Paul Bocuse）接受法國前總統瓦萊里‧季斯卡‧德斯坦（Valéry Giscard d'Estaing）頒發的榮譽勳章時，構思出這款總統蛋糕。受獎者保羅‧博庫斯構思出季斯卡總統湯，而糕點師則設計出總統蛋糕。莫里斯的孫子菲利普以這款蛋糕卷向他的祖父致敬。這道蛋糕卷採用了原蛋糕的所有特點，以刷上櫻桃酒的海綿蛋糕體，搭配巧克力甘那許和一些糖漬櫻桃，絕對是必嚐的一道甜點。

Bûche vanille, chocolat, fève tonka & noix de pécan
香草巧克力香豆胡桃蛋糕卷

製作 3 小時
加熱 45 分鐘
冷藏 3 小時
冷凍時間 6 小時
1 天完成

用具
MR. Pillow 枕型蛋糕卷模（Silikomart® 牌）
30×40 公分的方形慕斯框
巧克力造型專用紙（papier guitare）

7 公分的壓模 3 個
刮刀
電動攪拌機

材料·4人份蛋糕卷3個

焦糖胡桃 les noix de pécan caramélisées
胡桃 125 克
30° 糖漿 13 克
紅糖（sucre roux）13 克

沙赫蛋糕體 le biscuit sacher
杏仁膏（pâte d'amande）100 克
全蛋 1 顆
蛋黃 50 克（約 2 顆蛋）
無鹽奶油（beurre doux）10 克
可可膏 *10 克
蛋白 55 克（約 2 顆蛋）
白糖 30 克
T55 麵粉 25 克
無糖可可粉 15 克

千層酥 la feuilletine
可可脂含量 64 % 的純濃巧克力 50 克
榛果帕林內 82 克
酥脆薄片（或壓碎的法式薄餅）40 克

香草泡沫 le mousseux vanille
沙巴雍 le sabayon
白糖（sucre cristal）20 克
水 10 克
小型蛋 1 顆
義式蛋白霜 la meringue italienne
蛋白 30 克（約 1 顆蛋）
糖 55 克
水 15 克
吉利丁塊 21 克（吉利丁粉 3 克＋水 18 克）
打發鮮奶油 la crème montée
香草精（vanille liquide）2 克
香草莢 1 根
脂肪含量 30% 的液態鮮奶油 160 克

巧克力慕斯 la mousse chocolat
蛋黃 40 克（約 2 顆蛋）
白糖 20 克
牛乳 100 克
液態鮮奶油 100 克
刨碎的零陵香豆 1.5 克
黑巧克力 **173 克
鮮奶油 290 克

巧克力鏡面 le glaçage chocolat
液態鮮奶油 70 克
糖 30 克
葡萄糖 15 克
水 30 克
純濃巧克力（chocolat extra-bitter）30 克
黑色鏡面淋醬（pâte à glacer noire）140 克

巧克力裝飾 le décor en chocolat
黑巧克力 300 克
約略切碎的烘烤榛果 40 克
焦糖胡桃 40 克（和用於夾心的相同）

→ 詳細資訊
* 可可膏：法芙娜品牌
** 黑巧克力：法芙娜奧里亞多（Oriado）60%

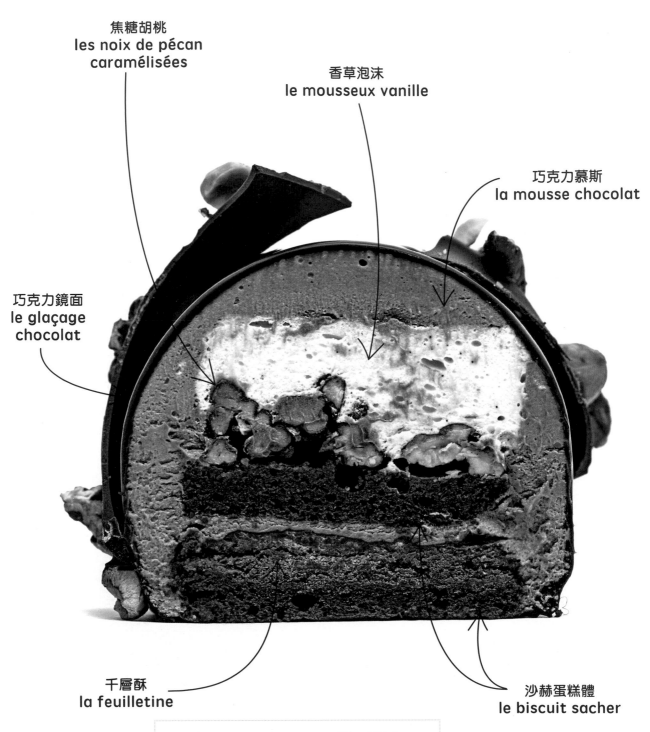

焦糖胡桃
les noix de pécan
caramélisées

香草泡沫
le mousseux vanille

巧克力慕斯
la mousse chocolat

巧克力鏡面
le glaçage
chocolat

千層酥
la feuilletine

沙赫蛋糕體
le biscuit sacher

作品名稱：**Jorge Amado** 喬治・阿瑪多
創作者：**Hugues Pouget** 休格斯・普格
糕點店：**Hugo & Victor**，巴黎
配方製作：**Lancelot Michel** 蘭斯洛特・米歇爾

焦糖胡桃

1 混合胡桃、冷的糖漿和糖，鋪在烤盤上，放入預熱至 145℃的烤箱中烤 25 至 35 分鐘。

沙赫蛋糕體

2 將烤箱預熱至 190℃。
在裝有攪拌槳的電動攪拌機碗中放入杏仁膏，攪拌杏仁膏、蛋黃和全蛋，以稀釋杏仁膏。攪拌至整體均勻後，將攪拌槳換成打蛋器，將蛋糊攪打至發泡。

3 將奶油和可可膏加熱至融化，接著混入打發的杏仁膏蛋糊中。另外將蛋白打發成泡沫狀，並分 3 次加入砂糖，打發至硬性發泡的蛋白霜，接著將先前混合的杏仁膏蛋糊拌入打發蛋白霜中。

4 混入麵粉和可可粉，接著將 30×40 公分的方形慕斯框，擺在鋪有烤盤紙的烤盤上，在慕斯框裡倒入麵糊，入烤箱烤 15 分鐘。

千層酥

5 將巧克力和榛果帕林內隔水加熱至融化，接著加入酥脆薄片，鋪在裝有蛋糕體的方形慕斯框中。冷藏保存。

沙巴雍

6 在平底深鍋中將水和糖煮沸，接著煮至 121℃。將蛋打發至體積膨脹為 2 倍，接著倒入熱糖漿，持續攪拌至完全冷卻。

義式蛋白霜

7 將糖、葡萄糖和水煮至 121℃。在糖漿達 115℃時，在裝有球狀攪拌棒的電動攪拌缸中，以中速將蛋白打發至形成泡沫狀。在糖漿達適當溫度時，以細流狀倒入蛋白霜中，待 2 分鐘後混入吉利丁塊，繼續攪拌至完全冷卻。

打發鮮奶油

8 從剖開的香草莢中將籽刮下，將香草籽和香草精加入鮮奶油中。在裝有球狀攪拌棒的電動攪拌缸中，將液態鮮奶油攪打至形成輕盈但不會太結實的質地。移至碗中，冷藏保存。

香草泡沫

9 將義式蛋白霜輕輕混入沙巴雍中，接著加入打發鮮奶油，攪拌均勻。

夾心組裝

10 為另一份蛋糕體鋪上焦糖胡桃。將香草泡沫倒在方形慕斯框中的蛋糕體上，用曲型抹刀整平至慕斯框的高度，接著冷凍至少 3 小時。

巧克力慕斯

11 混合蛋黃和糖。在平底深鍋中倒入牛乳、鮮奶油和零陵香豆，煮沸，接著一邊攪拌，一邊倒入蛋和糖的混合物中。再倒回鍋中，煮至醬汁濃稠（84℃）。將上述奶油醬倒入巧克力中，用手持電動攪拌棒攪打。

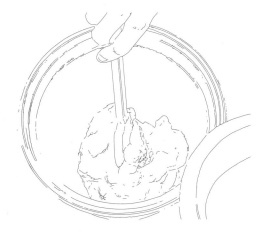

12 用打蛋器將液態鮮奶油打發至形成泡沫狀質地，接著在巧克力甘那許達 38-39℃時，將打發鮮奶油混入甘那許中。

組裝

13 用模型所附的壓模為焦糖胡桃夾心和千層蛋糕體進行裁切。

14 在每個模型中擠入少許巧克力慕斯。

15 擺上有焦糖胡桃的蛋糕體夾心，輕輕按壓。

16 蓋上慕斯，最後是千層蛋糕體。冷凍 3 小時後再淋上鏡面。

鏡面

17 在平底深鍋中將鮮奶油和糖、葡萄糖及水煮沸，接著倒入巧克力和鏡面淋醬，用手持電動攪拌棒攪打至形成平滑光亮的質地。將蛋糕卷從冷凍庫中取出，脫模放在網架上，為蛋糕淋上加熱至 40℃ 的鏡面。

裝飾

18 將 7 公分的壓模併排並用保鮮膜包起固定，放在矽膠模型背面。為巧克力調溫。用刮刀將巧克力鋪在 15×25 公分的巧克力造型專用紙上。

19 撒上堅果並立即擺在壓模製成的筒形上。讓巧克力凝固後剝成條狀，擺在蛋糕卷上裝飾。冷藏保存 3 小時後再品嚐。

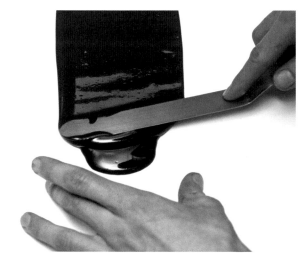

Hugues Pouget
休格斯‧普格

2010 年，休格斯‧普格在第 7 區的哈斯拜耶大道（Boulevard Raspail）創立他的糕點店，從此顛覆了既定的規則。在外觀像珠寶店的時髦店舖裡，像珠寶般展示他的蛋糕，並選擇當季水果作為作品的主軸。這是他在巴黎三星主廚蓋伊‧薩沃伊（Guy Savoy）店裡，學習多年後研究出來的方法。儘管休格斯‧普格如同高級時裝的甜點如今已成為典範，但他也是第一個在馬卡龍中擺脫色素和防腐劑的先鋒，為糕點界帶來革新。現在他所有的糕點中都採用這樣的做法。這道蛋糕卷是他招牌甜點的改良作品，用巧克力夾心蛋糕向巴西作家喬治‧阿瑪多（Jorge Amado）致敬，因為後者在《可可 Cacao》一書中闡述的奴隸制度令他印象深刻。將這道蛋糕卷吃進嘴裡，蛋糕體的綿密、千層酥的酥脆、零陵香豆的香氣，以及巧克力的濃郁，都令人為之陶醉。

Bûche noix, kumquat & églantine
薔薇果金桔核桃蛋糕卷

製作 3 小時 30 分鐘
加熱 1 小時 15 分鐘
糖漬時間 3 小時
製作 3 小時
冷凍時間 8 小時
2 天完成

用具
36×12 公分的方形慕斯框
波浪型多連模（Moule Modular Flex Wave / Silikomart® 牌）
噴槍或巧克力噴霧罐
刮刀
竹籤 2 枝

糕點刷
漏斗型濾器
電動攪拌機
網篩
矽膠烤墊（Silpat® 牌）
尺

材料·8人份蛋糕卷2個

金桔醬 la marmelade de kumquats
（前 1 天製作）
金桔 250 克
水 625 克
紅糖 250 克

3 種核果蛋糕體
le biscuit aux trois noix
胡桃 25 克
榛果 25 克
核桃 25 克
奶油 50 克
麵粉 20 克
蛋 75 克（約 1 顆大的蛋）
糖 75 克

榛果占度亞巧克力和酪梨油 le gianduja noisette et huile d'avocat
占度亞巧克力（gianduja）125 克
酪梨油 12 克

糖漬栗子泥 la crème de marron
糖漬栗子泥 300 克

薔薇果夾心 l'insert églantine
薔薇果泥 *500 克
糖 50 克
果膠 10 克

松果慕斯
la mousse pomme de pin
吉利丁 6 克
松果 75 克
全脂牛乳 250 克
蜂蜜 62 克
蛋黃 60 克（約 3 顆蛋）
鮮奶油 375 克

巧克力糖衣 l'enrobage chocolat
可可脂含量 70% 的黑巧克力 250 克
可可脂 250 克

最後修飾
食用銀粉
金箔
食用銀色亮片（PCB Créations® 牌）

→ 詳細資訊
* 薔薇果泥：Bio c' Bon® 牌

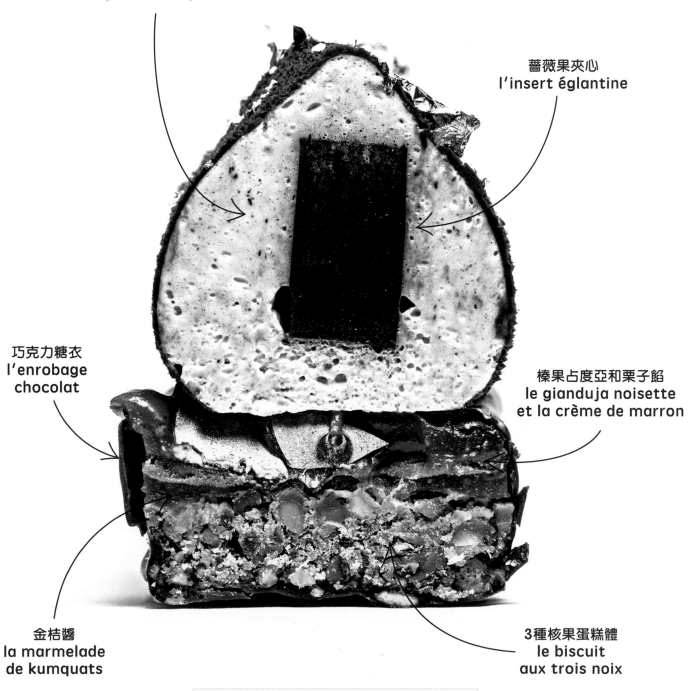

松子慕斯
la mousse
pomme de pin

薔薇果夾心
l'insert églantine

巧克力糖衣
l'enrobage
chocolat

榛果占度亞和栗子餡
le gianduja noisette
et la crème de marron

金桔醬
la marmelade
de kumquats

3種核果蛋糕體
le biscuit
aux trois noix

作品名稱：**Bûche L'Envolée** 飛行蛋糕卷
創作者： **Hôtel du Collectionneur** 甜點主廚
Bryan Esposito 布萊恩・埃斯波西托

金桔醬（前 1 天製作）

1 將水果放入平底深鍋，用水淹過，煮沸後繼續讓水滾 20 分鐘，瀝乾，接著重複同樣的程序，以去除金桔的苦澀味並讓果皮軟化。接著將水、125 克的紅糖和金桔煮沸，接著以中火煮約 1 小時。加入剩餘 125 克的糖，額外糖漬 2 小時。熄火，讓金桔浸泡在糖漿中一整個晚上。製作當天，將金桔瀝乾，接著用食物料理機稍微打碎。

3 種核果蛋糕體

2 將 3 種核果約略切碎。將奶油加熱至融化。將麵粉過篩。在不鏽鋼盆中將蛋和糖攪拌至泛白，接著混入核桃、融化奶油，最後再輕輕混入過篩的麵粉。將麵糊倒入擺在烤墊上的方形慕斯框中，平整表面，放入預熱至 150℃ 的烤箱中烤 20 分鐘。從烤箱中取出，在網架上放涼。

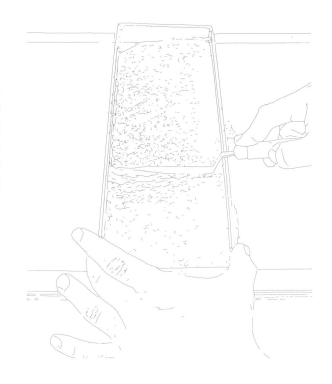

榛果占度亞巧克力和酪梨油

4 將占度亞巧克力隔水加熱至融化，接著加入酪梨油。用手持電動攪拌棒攪打，直接淋在凍硬並鋪有金桔醬的核桃蛋糕體上。冷凍保存至少 2 小時，以利之後糖漬栗子泥的塗抹。

糖漬栗子泥

5 均勻鋪上一層 300 克的糖漬栗子泥，接著冷凍 2 小時。

3 蛋糕體一冷卻，就鋪上金桔醬，冷凍至少 2 小時。

薔薇果夾心

6 加熱薔薇果泥。趁這段時間混合糖和果膠，接著撒在熱的薔薇果泥上，用力攪拌並煮沸 2 分鐘。移至烤盤上，靜置凝固。切成 20×3 公分（38×5 公分）的條狀，冷凍 2 小時。

松果慕斯

7 將吉利丁片放入大量冰涼的水中。用大量的水沖洗松果，擺在烤盤上，接著在預熱至 250℃的烤箱烘乾 15 分鐘。
從烤箱中取出，用食物料理機稍微打碎。在平底深鍋中將牛乳和松果煮沸，熄火後加蓋浸泡 30 分鐘。

8 用漏斗型網篩過濾牛乳，秤重後如有需要可補充牛乳，以回復原來的重量。在平底深鍋中將牛乳和蜂蜜煮至微滾，接著將 1/3 倒入蛋黃中，一邊攪拌。再全部倒回鍋中，煮至 83℃（如同英式奶油醬）。混入軟化並瀝乾的吉利丁，用手持電動攪拌棒攪打，冷藏保存 1 小時。

9 在裝有球狀攪拌棒的電動攪拌缸中，將 375 克的鮮奶油打發至形成泡沫狀質地，但不要過硬。將英式奶油醬取出，攪打至軟化。輕輕混入打發的鮮奶油。

組裝

10 將慕斯倒入模型中,並用小支的曲型抹刀將慕斯鋪至模型邊緣。

11 將薔薇果夾心從側邊插入中央。用慕斯將模型填滿抹至表面平滑,接著冷凍至少3小時。

巧克力糖衣

12 將可可脂加熱至融化,接著是巧克力,拌勻。將方形慕斯框中的蛋糕體切半。

13 用2根竹籤刺入蛋糕體,將蛋糕體浸入糖衣中,將多餘的糖衣瀝乾,接著擺在烤盤紙上凝固。

14 用糕點刷將銀粉刷在蛋糕體上,冷藏保存。

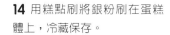
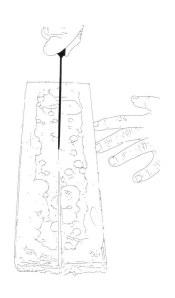

裝飾

15 為蛋糕卷形狀的慕斯脫模,接著用噴槍或巧克力噴霧罐噴上巧克力糖衣,接著擺在銀色的「底座」上。最後以金箔和銀色亮片裝飾。冷藏保存3小時後再品嚐。

注意

可用覆盆子來取代薔薇果。酪梨油為甘那許提供更滑順流動的質地,另一個好處是味道中性。

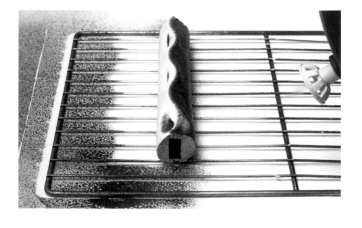

Bryan Esposito
布萊恩‧埃斯波西托

布萊恩‧埃斯波西托就像多數的孩子一樣遵從父母的建議,先是通過中學畢業會考,但最終還是選擇了他的熱情所在。自 2018 年 6 月至今,已在巴黎極為時髦的第 8 區收藏家飯店(l'Hôtel du Collectionneur)擔任甜點主廚滿 30 年。儘管職責所在,但他在剛入行時還是不免帶有些許調皮的心態,不想太嚴肅,以充滿玩心的角度來製作甜點。他的大理石蛋糕以金黃色的球形呈現,爆米香棒也是一樣,再搭配上占度亞榛果巧克力、黑巧克力和跳跳糖,靈感主要來自健達(Kinder Country®),令人返樸歸真。為了打造他的蛋糕卷,這名出身於亞維農的糕點師再度沉浸在回憶中。以松果生火的家族烤肉,並在槲寄生下親吻。薔薇果作為可食用的槲寄生代表食材,而單純以牛乳浸泡的松果則散發著芳香。這道蛋糕卷從第一口就讓人沉浸在聖誕節的氣氛中,並帶有精緻且平衡的美味。

Bûche marron, citron & pignon

栗子檸檬松子蛋糕卷

 製作 3 小時 30 分鐘
加熱 15 分鐘
冷藏 一個晚上 + 3 小時
冷凍時間 6 小時
2 天完成

用具
9×30 公分的方形慕斯框 2 個
350×60 公釐的樋形蛋糕卷模 2 個
（Exopan® 牌）
350×80 公釐的樋形蛋糕卷模 2 個
（Exopan® 牌）

裝有花嘴（8、12 和 16 號花嘴）的擠花袋
溫度計
電動攪拌機
刮刀
Rhodoïd 玻璃紙

材料·6-8人份蛋糕卷2個

巧克力鏡面 le glaçage chocolat
（前 1 天製作）
水 65 克
糖 130 克
葡萄糖 130 克
煉乳 130 克
吉利丁塊 9 克（8 克的水加 1 克的吉利丁粉）
牛奶巧克力 135 克
可可膏（pâte de cacao）4 克

檸檬奶油醬 la crème citron
蛋 170 克（約 4 顆小蛋）
糖 200 克　　　檸檬皮 1 顆
檸檬汁 140 克　奶油 250 克

檸檬米爾麗登蛋糕體
le biscuit mirliton au citron
蛋白 115 克（約 4 顆蛋）
糖粉 155 克
去皮杏仁粉 135 克
檸檬皮 1 顆
融化奶油 105 克

松子千層帕林內
le praliné pignon-feuilletine
奶油 10 克
松子醬（pâte de pignons mixés）50 克
可可脂含量 40% 的牛奶巧克力 25 克
酥脆薄片（feuilletine 或法式薄餅碎片）
50 克
松子杏仁帕林內（praliné pignon-
amande，見 140 頁）50 克

義式蛋白霜 la meringue italienne
水 40 克
糖 165 克
蛋白 80 克（約 3 顆蛋）

栗子慕斯 la mousse aux marrons
脂肪含量 30% 的鮮奶油 125 克
栗子膏（pâte de marron）245 克
膏狀奶油 245 克
無糖栗子泥（purée de marron）125 克
糖漬栗子泥（crème de marron）125 克
蛋黃 60 克（約 3 顆蛋）

栗子餡 le mélange marron
栗子膏 100 克
糖漬栗子泥 100 克
無糖栗子泥 100 克

栗子乳酪醬
la crème diplomate au marron
栗子餡 100 克（見上方）
馬斯卡彭乳酪 200 克

檸檬乳酪醬
la crème diplomate au citron
檸檬奶油醬（見左側）100 克
馬斯卡彭乳酪 200 克

糖漬檸檬醬 la pâte de citron confit
糖漬檸檬（見 138 頁）70 克

最後修飾
烤松子 30 克
栗子 3 顆

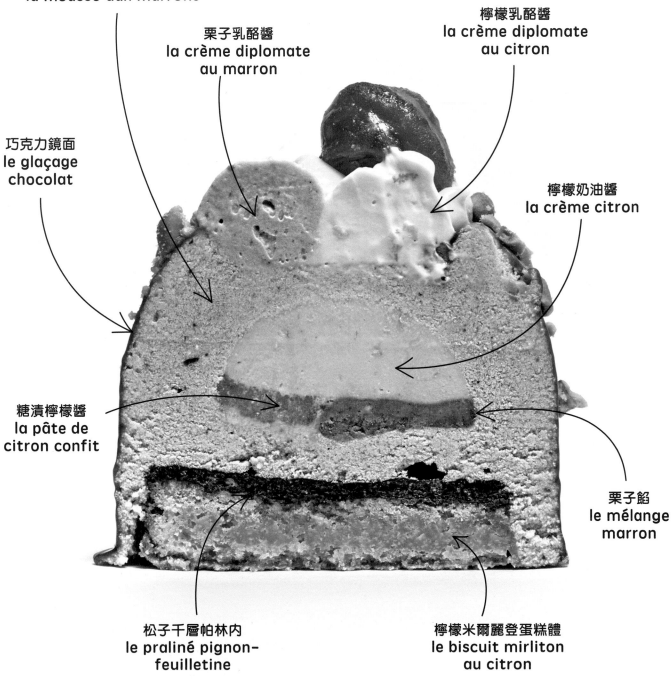

栗子慕斯
la mousse aux marrons

栗子乳酪醬
la crème diplomate
au marron

檸檬乳酪醬
la crème diplomate
au citron

巧克力鏡面
le glaçage
chocolat

檸檬奶油醬
la crème citron

糖漬檸檬醬
la pâte de
citron confit

栗子餡
le mélange
marron

松子千層帕林內
le praliné pignon-
feuilletine

檸檬米爾麗登蛋糕體
le biscuit mirliton
au citron

創作者：**Sylvain Depuichaffray** 西爾萬・德普伊卡夫雷
Patisserie Sylvain Depuichaffray，馬賽
配方製作：**Valentin Labbe** 瓦倫丁・拉貝

巧克力鏡面（前 1 天製作）

1 在平底深鍋中將糖、水和葡萄糖煮沸，煮至 103℃。加入煉乳，拌勻後倒入含有巧克力、吉利丁、可可膏的不鏽鋼盆中，用電動攪拌棒攪拌均勻。冷藏保存。

檸檬奶油醬

2 將蛋和 100 克的糖攪拌至泛白，預留備用。在平底深鍋中倒入檸檬汁、檸檬皮和剩餘的糖，接著煮沸。倒入打至泛白的蛋糊，拌勻後再倒回平底深鍋中。邊加熱邊不停攪拌，煮至 80℃。

3 放涼至 50℃，加入奶油，並以電動攪拌棒攪打。

4 將 100 克的檸檬奶油醬保存在裝有 8 號花嘴的擠花袋中，並將剩餘的檸檬奶油醬另外擠在 60 公釐的樋形蛋糕模中。冷藏保存。

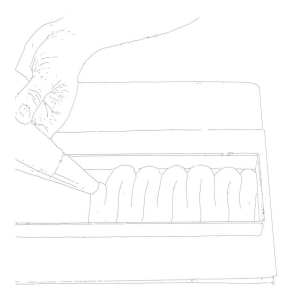

檸檬米爾麗登蛋糕體

5 混合蛋白和糖粉、杏仁粉及檸檬皮。加入 40℃的融化奶油，拌勻後填入擠花袋，擠在方形慕斯框中，抹平，放入預熱至 210℃的烤箱，再調至 170℃烤約 15 分鐘。

松子千層帕林內

6 將奶油和巧克力以中等功率微波加熱至融化。混合剩餘的材料。

7 鋪在冷卻的米爾麗登蛋糕體上，並用小抹刀抹平。

義式蛋白霜

8 在平底深鍋中倒入糖和水，接著煮沸，煮至 121°C。在糖漿達 115°C 時，在裝有球狀攪拌棒的電動攪拌缸中，以中速將蛋白打發至形成泡沫狀。在糖漿達 121°C 時，將糖漿以細流狀倒入蛋白中，接著用電動攪拌機持續攪拌至蛋白霜降溫至微溫。

栗子慕斯

9 在裝有球狀攪拌棒的電動攪拌缸中，將 125 克的鮮奶油打發至形成泡沫狀質地，但不要過硬，預留備用。在裝有球狀攪拌棒的電動攪拌缸中，混合栗子膏和膏狀奶油。以高速攪拌，讓 2 種材料完全乳化。接著加入無糖和糖漬栗子泥，持續攪打至形成完全均勻的質地，接著以細流狀混入蛋黃。

10 最後用橡皮刮刀交替混入義式蛋白霜和打發鮮奶油。

11 填入擠花袋，擠在 80 公釐的樋形蛋糕模中。冷藏保存。

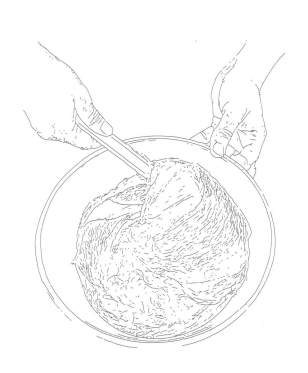

栗子餡

12 混合 3 種材料，攪拌至形成均勻質地。

栗子乳酪醬

13 在栗子餡中加入略為打發的馬斯卡彭乳酪以進行稀釋，攪拌至形成均勻質地，接著倒入裝有 12 號花嘴的擠花袋，預留備用。

檸檬乳酪醬

14 混合檸檬奶油醬和略為打發的馬斯卡彭乳酪以進行稀釋，攪拌至形成均勻質地。倒入裝有 16 號花嘴的擠花袋，預留備用。

組裝

15 將 70 克的栗子餡和 70 克的碎糖漬檸檬，鋪在樋形蛋糕模的檸檬奶油醬上，接著冷凍至少 3 小時。

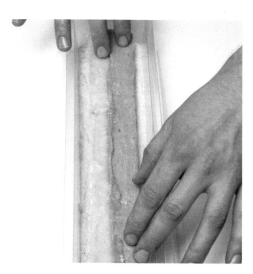

16 將檸檬夾心脫模，接著擺在每個 80 公釐樋形蛋糕模的栗子慕斯中央。

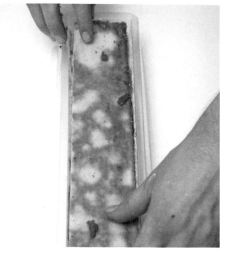

17 蓋上栗子慕斯，用抹刀抹平，接著蓋上預先切成樋形蛋糕模大小（350×80 公釐）的松子千層帕林內米爾麗登蛋糕體。冷凍至少 3 小時。

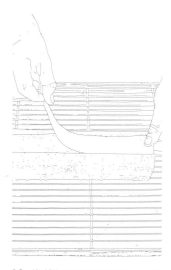

18 將慕斯脫模在網架上，在表面中央擺上玻璃紙，區隔開鏡面的位置。

19 將巧克力鏡面加熱至 45℃，接著淋在蛋糕卷上。

20 在上方邊緣撒上略為切碎的烤松子。

21 掀起玻璃紙，交替在沒有淋上鏡面的中央，擠上檸檬奶油醬、栗子乳酪醬和檸檬乳酪醬，最後撒上栗子塊及糖漬檸檬皮。冷藏保存 3 小時後再品嚐。

Sylvain Depuichaffray

西爾萬・德普伊卡夫雷

出生於盧瓦謝爾（Loir-et-Cher）的西爾萬・德普伊卡夫雷已在馬賽定居十七年。在移居澳洲三年後，在巴黎皮耶・艾曼 Pierre Hermé 的團隊待了一年，之後便隨著他來自馬賽的妻子，遷至福西亞城（cité phocéenne，馬賽的別稱）。他們距離舊港只有兩步之遙的糕點店，很快成了城裡老饕們的標準。自 2004 年 3 月 29 日定居至今，這對夫婦以耐心和謙卑的態度創業，更擁有一家冰淇淋巧克力專賣店、一家茶點沙龍和一家用來展示巧克力的店，其中包括著名的松子帕林內牛奶麵包，他將這著名的普羅旺斯蛋糕體，轉變成美味至極的巧克力和華麗的甜點。例如千層派便名列他們的「暢銷商品」名單，而且會依季節進行變化：秋季是抹茶栗子或蘋果榛果；春季是抹茶和草莓。這道蛋糕卷和諧地混合檸檬和松子，以此甜點向普羅旺斯和自己的產品致敬。栗子的色彩和秋天的味道互相呼應，形成優雅精緻的節慶甜點。

Bûche marron & pétales de rose

玫瑰花瓣栗子蛋糕卷

製作 3 小時
加熱 48 分鐘
烘焙時間 15 分鐘
冷藏 一個晚上 + 6 小時
冷凍時間 3 小時
2 天完成

用具
28×8.5×6.5 公分的蛋糕卷模 1 個
21×21 公分的方形慕斯框
30×10 公分的方型慕斯框
30×40 公分的塑膠紙（Feuille en plastique）

溫度計
刮刀
細孔網篩

材料·6人份

玫瑰馬斯卡彭乳酪奶油醬
la crème mascarpone à la rose
（前 1 天製作）
製作奶油醬（前 1 天製作）
吉利丁 1.5 片
脂肪含量 30% 的液態鮮奶油 150 克
蛋黃 35 克（約 2 顆蛋）
玫瑰糖漿 17 克
玫瑰精露（essence de rose）2 克
奶油醬的最終加工 finaliser la creme
玫瑰馬斯卡彭乳酪奶油醬 187 克（見上方）
馬斯卡彭乳酪 125 克

白巧克力片
les embouts en chocolat blanc
（前 1 天製作）
可可脂含量 35% 的白巧克力 100 克

栗子粉布列塔尼酥餅麵團
la pâte à sablé breton
à la farine de châtaigne
半鹽奶油 80 克
無鹽奶油 30 克
（全）熟蛋黃 1 顆
栗子粉（farine de châtaigne）105 克
馬鈴薯澱粉 20 克
糖粉 35 克
給宏德（Guérande）鹽之花 1 撮

栗子軟蛋糕體
le biscuit moelleux aux marrons
去皮白杏仁 75 克
真空烹調栗子 17 克
糖粉 32 克
栗子粉 7 克
麵粉 10 克
蛋白 75 克（約 3 顆蛋）
紅糖 30 克
砂糖 17 克

糖栗奶油醬
la crème aux marrons glacés
吉利丁 1.5 片
脂肪含量 30% 的鮮奶油 185 克
陳年蘭姆酒（rhum vieux）5 克
奶油 37 克
栗子膏（pâte de marron）157 克
糖漬栗子泥（crème de marron）147 克

栗子鏡面淋醬
le glaçage miroir aux marrons
水 37 克　　　　砂糖 75 克
葡萄糖漿 75 克　甜煉乳 50 克
吉利丁 2.5 片
可可脂含量 35% 的可可巧克力 75 克
無糖栗子泥 45 克

裝飾
香脆巧克力珠 * 幾顆
未經加工處理的玫瑰花瓣幾片

→ **詳細資訊**
* 香脆巧克力珠：法芙娜巧克力珠

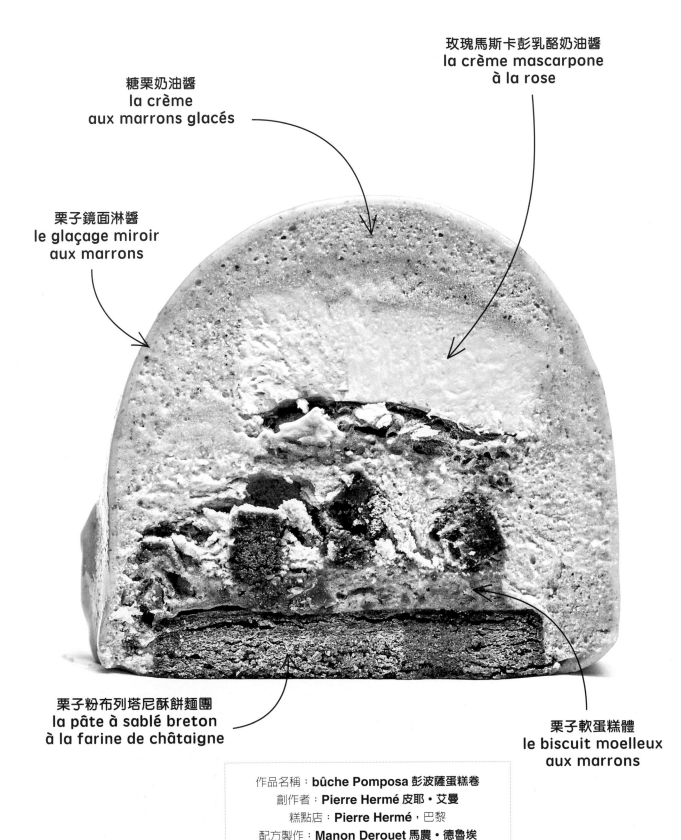

玫瑰馬斯卡彭乳酪奶油醬
la crème mascarpone
à la rose

糖栗奶油醬
la crème
aux marrons glacés

栗子鏡面淋醬
le glaçage miroir
aux marrons

栗子粉布列塔尼酥餅麵團
la pâte à sablé breton
à la farine de châtaigne

栗子軟蛋糕體
le biscuit moelleux
aux marrons

作品名稱：**bûche Pomposa** 彭波薩蛋糕卷
創作者：**Pierre Hermé** 皮耶・艾曼
糕點店：**Pierre Hermé**，巴黎
配方製作：**Manon Derouet** 馬農・德魯埃

玫瑰馬斯卡彭乳酪奶油醬（前 1 天製作）

1 用冰涼的水將吉利丁泡軟 10 分鐘。在平底深鍋中將鮮奶油煮沸，趁這段時間攪拌蛋黃。倒入煮沸的鮮奶油，一邊持續攪拌。全部倒回平底深鍋中，煮至 85℃，用橡皮刮刀持續攪拌。煮好後，加入預先以大量冷水泡軟並擰乾的吉利丁、玫瑰糖漿與玫瑰精露，攪拌均勻後以網篩過濾。下墊冰水冷卻，放入冰箱冷藏至少 12 個小時。

兩端的白巧克力片（前 1 天製作）

2 先在紙板或硬塑膠板上依蛋糕卷二端的大小裁出模板。為巧克力調溫，以維持光澤度，倒在塑膠紙上。用不鏽鋼刮刀均勻鋪開，讓巧克力稍微凝固後再擺上模板。

3 用小刀沿著模板割切下 2 個白巧克力片。在白巧克力片上覆蓋烤盤紙和重量，以免巧克力凝固時變形。在 16℃ 的溫度下靜置至少一個晚上，讓巧克力凝固。

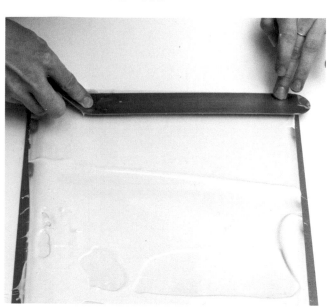

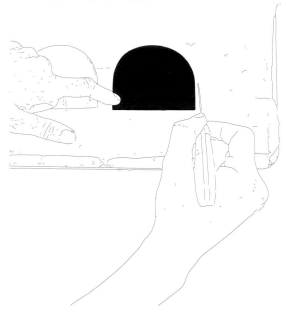

烘焙杏仁

4 將旋風烤箱預熱至 165℃。將杏仁倒在鋪有烤盤紙的烤盤上，注意不要讓杏仁交疊，接著放入烤箱烘焙 15 分鐘。接著將杏仁放涼後再用刀約略切碎。

栗子軟蛋糕體

5 將旋風烤箱預熱至 180℃。將栗子約略切碎。混合杏仁碎粒、栗子碎粒、糖粉和麵粉。在裝有球狀攪拌棒的電動攪拌缸中，將蛋白打發，一邊緩慢加入紅糖和砂糖。蛋白一打發成蛋白霜，就用橡皮刮刀輕輕混入麵粉、糖粉、栗子粉和杏仁、栗子混合粒中。

6 將 30×10 公分（高 3.5 公分）的方形慕斯框擺在鋪有烤盤紙的烤盤上，在慕斯圈裡倒入上述麵糊。在烤箱中烤約 18 分鐘。出爐後，移至網架上，放涼，接著切成 1 個 28×6 公分的長方形，以及 1 個 28×5 公分的長方形。冷藏保存作為組裝用。

玫瑰馬斯卡彭乳酪奶油醬

7 在裝有球狀攪拌棒的電動攪拌缸中,將玫瑰馬斯卡彭乳酪奶油醬攪打至軟化,加入馬斯卡彭乳酪,讓攪拌機持續攪拌,接著用刮板將碗壁上的材料刮下,以高速攪拌至奶油醬膨脹。將方形慕斯框擺在蛋糕體上,接著將玫瑰馬斯卡彭乳酪奶油醬鋪在慕斯圈內。冷藏 3 小時。

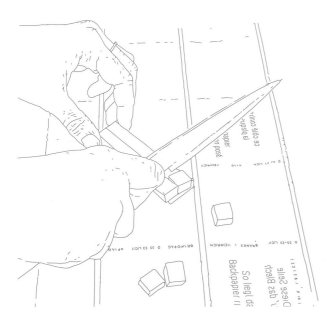

布列塔尼酥餅丁

9 將旋風烤箱預熱至 165℃。在撒有少許麵粉的工作檯上,將剩餘的酥餅麵皮擀至 7 公釐厚,接著切成 7 公分的小丁。擺在鋪有烤盤紙的烤盤上,彼此間隔約 1.5 公分。入烤箱烤約 10 分鐘。出爐後放涼並保存作為組裝用。

栗子粉布列塔尼酥餅麵團

8 提前 1 小時將奶油從冰箱中取出,放至常溫。將旋風烤箱預熱至 165℃。將熟蛋黃過篩,形成細粒狀。將麵粉、栗子粉和馬鈴薯澱粉一起過篩,和蛋黃粒倒入裝有攪拌槳的電動攪拌機鋼盆,接著加入奶油、糖粉和鹽。拌勻,但盡量不要攪拌至麵團膨脹。移至烤盤中,蓋上保鮮膜後冷藏保存 1 小時。將麵團從冰箱中取出,在工作檯上撒上少許麵粉,接著將一半的麵團擀至 6 公釐厚。切成 28×8.5 公分的長方形,蓋上保鮮膜,冷藏保存。將長方形麵皮擺在鋪有烤盤紙的烤盤上,入烤箱烤約 20 分鐘。放涼並保存作為組裝用。

糖栗奶油醬

10 用冰涼的水將吉利丁泡軟 10 分鐘。將液態鮮奶油打發,冷藏保存作為最後混合用。在平底深鍋中將陳年蘭姆酒加熱至約 50℃,接著加入軟化並瀝乾的吉利丁。在裝有攪拌槳的電動攪拌機碗中,混合奶油、栗子膏和糖漬栗子泥,接著以高速攪打至混合物「泛白」。在蘭姆酒的溫度降至 35℃時,混入上述備料中,持續以高速持續至膨脹。最後用橡皮刮刀分 3 次輕輕混入打發鮮奶油。

組裝

11 在模型中填入 300 克的糖栗奶油醬，接著用大湯匙將奶油醬鋪至模型邊緣。

12 將栗子蛋糕體和玫瑰奶油醬切成 28×5 公分的長方形，放進模型裡。

13 蓋上糖栗奶油醬，撒上 45 克的布列塔尼酥餅丁，稍微往下按壓。

14 擺上 28×6 公分的長方形栗子軟蛋糕體，接著加上 75 克的糖栗奶油醬。蓋上長方形的布列塔尼酥餅。冷凍至少 3 小時。

栗子鏡面淋醬

15 用冰涼的水將吉利丁泡軟 10 分鐘。將巧克力隔水加熱至融化，務必不要超過 35-40℃。在平底深鍋中將糖、水和葡萄糖漿煮沸，接著將這糖漿煮至 103℃。混入預先泡軟並擰乾的吉利丁、煉乳，接著分 3 次倒入融化的巧克力中。加入無糖栗子泥，接著用電動攪拌棒打至形成均勻的鏡面淋醬。

裝飾

16 將蛋糕卷脫模，擺在置於不鏽鋼烤盤的網架上，接著為蛋糕卷淋上 45℃的鏡面淋醬。將蛋糕卷擺在展示盤上，冷藏解凍 2 小時後，在二端黏上白巧克力片，最後擺上巧克力脆珠和玫瑰花瓣。冷藏保存至品嚐的時刻。

注意

將蛋黃煮熟可去除水分，並為麵團提供額外的酥鬆質地。

用糖將蛋白攪拌至緊實可形成較結實的蛋白霜，以便在混入其他材料時不會塌下。

將奶油醬鋪至模型邊緣可避免脫模時產生氣泡。

Pierre Hermé

皮耶・艾曼

皮耶・艾曼的天分不僅受到同行認可，他的甜點也深受大眾喜愛。實際上有不少法國人和外國人都湧入他巴黎的店裡，後來也光顧他波拿巴街（rue Bonaparte）的咖啡館，就為了一嚐著名的覆盆子荔枝玫瑰馬卡龍（Ispahan）、香草無限塔（tarte infiniment vanille），或是其他超凡入聖的馬卡龍－已經成為他招牌的杏仁蛋糕體，選擇用幾乎入口即化的馬卡龍餅殼，和多種口味的大量甘那許來讓人一飽口福。他成了建造美味的藝術大師，透過這獨特的建築，成功地讓甜點裡的不同材料時而交錯，時而綜合。在蓬波薩蛋糕卷中將他最愛的香氣之一：玫瑰與栗子結合。這既巧妙又慷慨的和諧，便是這清爽美味節慶甜點的精華。撫慰人心的栗子、精緻的玫瑰和各種不同口感的美味：酥餅、蛋糕體，以及濃稠滑順的慕斯，讓味蕾確實感到愉悅。

Bûche chocolat, marron & matcha

栗子抹茶巧克力蛋糕卷

製作 4 小時
加熱 5 分鐘
冷藏 一個晚上 + 6 小時
冷凍時間 一個晚上 + 6 小時
2 天完成

用具
13.5×39 公分的方形慕斯框
40×6×6.5 公分的蛋糕卷模
木紋轉印紙（Tapis relief bois）
（cook-shop.fr）
刮刀

網篩
溫度計
三角刮板
電動攪拌機
裝有花嘴的擠花袋

材料·6人份蛋糕卷2個

夾層 l'insert（前 1 天製作）

杏仁海綿蛋糕體
le biscuit joconde
杏仁粉 84 克
香草粉 2 克
砂糖 96 克（杏仁麵糊用 84 克＋
蛋白霜用 12 克）
普羅旺斯蜂蜜 6 克
蛋 100 克（約 2 顆）
T65 麵粉 22 克
奶油 16 克
蛋白 74 克（約 3 顆小的蛋）

栗子乳霜 le crémeux marron
吉利丁 ¾ 片
鮮奶油 124 克
栗子膏（pâte de marron）32 克
香草莢 ¼ 根
砂糖 18 克
蛋黃 40 克（約 2 顆蛋）
棕色蘭姆酒 4 克
切碎糖栗 1 顆

抹茶慕斯 la mousse matcha
（前 1 天製作）
吉利丁 ½ 片
全脂牛乳 77 克
鮮奶油 77 克（熱鮮奶油 32 克＋
冷鮮奶油 45 克）
砂糖 4 克
蛋黃 20 克（約 1 顆蛋）
白巧克力 8 克
抹茶粉 2 克

厄瓜多巧克力慕斯 la mousse
chocolat Équateur
吉利丁 ½ 片
可可脂含量 70% 的厄瓜多巧克力 100 克
可可膏 25 克
全脂牛乳 55 克
砂糖 15 克
蛋黃 60 克（約 3 顆蛋）
鮮奶油（crème fleurette）175 克

裝飾醬汁 la sauce décor
黑巧克力 100 克
可可脂 30 克

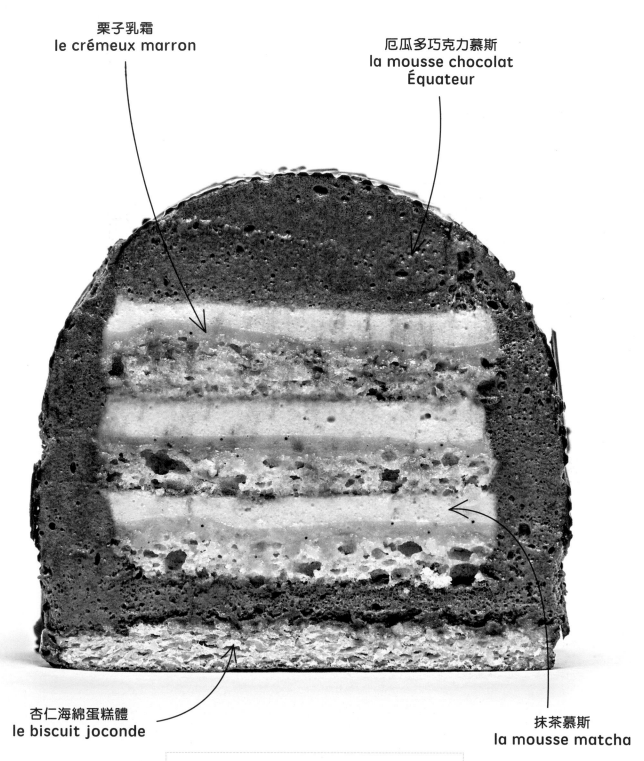

栗子乳霜
le crémeux marron

厄瓜多巧克力慕斯
la mousse chocolat
Équateur

杏仁海綿蛋糕體
le biscuit joconde

抹茶慕斯
la mousse matcha

作品名稱：**bûche Kyoto** 京都蛋糕卷
創作者：**Jean-Paul Hévin** 尚保羅・艾凡
糕點店：**Jean-Paul Hévin**，巴黎
配方製作：**Adrien Petitgenêt** 艾德里安・佩蒂特内

夾層（前 1 天製作）

杏仁海綿蛋糕體

1 烘烤前，將烤箱以 260℃預熱 15 分鐘。在裝有球狀攪拌棒的電動攪拌缸中，放入杏仁粉、香草粉、84 克的砂糖、蜂蜜和 1 顆蛋，以高速攪拌至形成滑順均勻的蛋糊，混入第 2 顆蛋，接著打發至形成所謂的緞帶般質地。在這段時間，將麵粉過篩，以小火將奶油加熱至融化，預留備用。將蛋白和剩餘 12 克的糖打發成泡沫狀蛋白霜。

2 在蛋糊充分打發時，用橡皮刮刀混入融化的奶油、打發蛋白霜，接著撒入麵粉拌勻。

3 倒在鋪有烤盤紙的 30×40 公分烤盤上，用曲型抹刀整平，用拇指抹過四周，以確保邊緣線條分明。入烤箱以 260℃烤 4 至 5 分鐘。

4 出爐後，放涼，接著將蛋糕體切成 13.5×39 公分的長方形，放入方形慕斯框中。切出第 2 條 6×39 公分的蛋糕體，預留備用。

栗子乳霜

5 用冰涼的水浸泡吉利丁，接著瀝乾。在平底深鍋中加熱鮮奶油、栗子膏和剖開並去籽的香草莢。

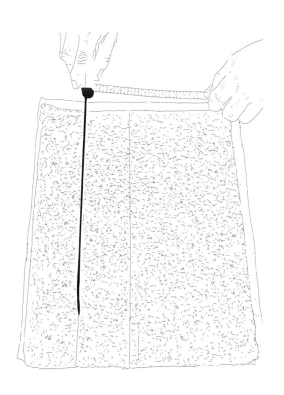

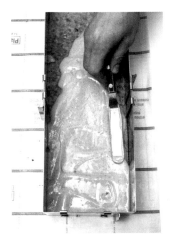

6 用打蛋器將砂糖和蛋黃攪打至泛白，接著倒入 ¼ 的煮沸鮮奶油。加入吉利丁、蘭姆酒，蓋上保鮮膜，冷藏保存約 20 分鐘。

7 乳霜一冷卻，就倒在杏仁海綿蛋糕體（13.5×39 公分的方形慕斯框）內，撒上小塊的糖栗，接著冷藏。

抹茶慕斯（前1天製作）

8 用冰涼的水將吉利丁泡軟，接著瀝乾。在平底深鍋中加熱牛乳和32克的鮮奶油。用打蛋器將砂糖和蛋黃攪打至泛白，接著倒入¼煮沸的混合鮮奶油，再全部倒回鍋中，煮至83℃（煮至濃稠）。用打蛋器混入吉利丁，接著加入切碎的白巧克力與抹茶粉，用電動攪拌棒攪打。蓋上保鮮膜，放涼。在甘那許達35℃時，將45克的鮮奶油打發，並用打蛋器輕輕混入甘那許中。

9 倒在鋪有栗子乳霜的蛋糕體上，接著冷藏3小時。

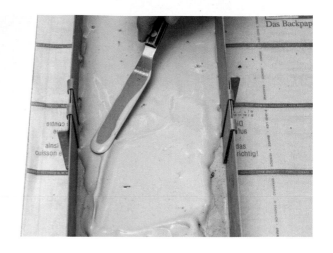

夾層組裝（前1天）

10 將夾層脫模切成6×39公分的3條，接著疊起，形成3層的栗子抹茶夾心。冷凍一個晚上。

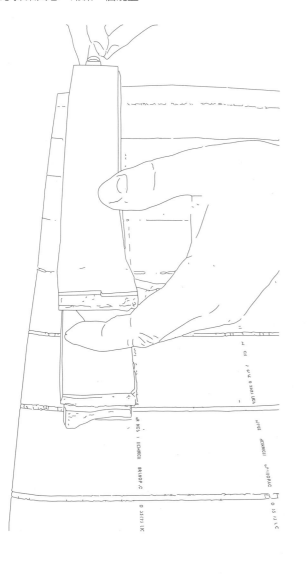

厄瓜多巧克力慕斯

11 用冰涼的水將吉利丁泡軟，接著瀝乾。將巧克力切碎，接著和可可脂一起隔水加熱至融化，拌勻並預留備用。在平底深鍋中將牛乳和糖煮沸，倒入裝有蛋黃的不鏽鋼盆中，接著將不鏽鋼盆隔水加熱至80℃，持續攪拌。

12 將奶蛋液倒入裝有球狀攪拌棒的電動攪拌缸中，以高速攪拌至體積膨脹為2倍的沙巴雍（sabayon）。

13 將鮮奶油打發。將吉利丁微波加熱5秒至融化，接著輕輕加入牛乳、糖和蛋混合的沙巴雍中。再混入打發鮮奶油。

14 混入融化的巧克力（約40-45℃）。

組裝

15 將黑巧克力和可可脂一起加熱至融化，用打蛋器攪拌均勻，接著倒入木紋轉印紙的凹槽中，用三角刮板刮去多餘的巧克力。

16 將轉印紙擺在蛋糕卷模底部，巧克力面朝內。

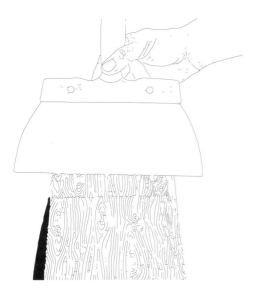

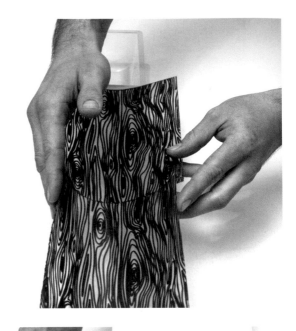

17 用裝有花嘴的擠花袋，將巧克力慕斯擠在模型裡至約 1/3 的高度，接著用橡皮刮刀將慕斯鋪至模型邊緣。

18 擺上栗子抹茶夾心。

19 在夾心上鋪上少許巧克力慕斯。

20 擺上預留備用的條狀蛋糕體（6×39 公分），冷凍 6 小時。將蛋糕卷脫模，移去轉印紙，將蛋糕切半。冷藏保存 3 小時後再品嚐。

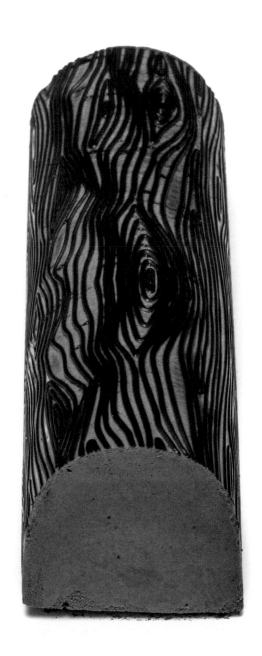

Jean-Paul Hévin
尚保羅‧艾凡

尚保羅‧艾凡在 2018 年慶祝他同名糕點店的 30 周年慶。自 1986 年成為法國的糖果與糕點最佳工藝師（MOF）以來，至今日他仍是巴黎最著名的糕點師之一。他的天分不僅受到同行認可，在國際上也廣受好評，尤其是在他擁有多家店面的日本。在眾多的巧克力馬卡龍、巧克力糖和經典的糕點中，總是令人難以抉擇。他的招牌甜點包括聖克盧（Saint Cloud，薑香杏仁可可蛋糕體、秘魯頂級產地黑巧克力慕斯、黑巧克力甘那許）、橙香迷你塔（tartelette à l'orange）或蒙布朗（mont blanc），他酷愛這些甜點，每年都會重新改良。透過他的京都蛋糕卷表達對日本的愛，同時加入人們每到冬季都樂見的暖心味道。這道蛋糕卷的誘人之處在於集結了各種美味：巧克力、栗子和抹茶，並在味道迷人的巧克力慕斯中優雅地混合了柔軟、乳霜般濃郁和輕盈等不同的質地，高調地展現美味。

Bûche marron, framboise & noisette
覆盆子榛果栗子蛋糕卷

製作 2 小時 30 分鐘
加熱 35 分鐘
烘焙時間 8 分鐘
冷藏 一個晚上 + 3 小時
冷凍時間 一個晚上 + 7 小時
2 天完成

用具
30×8.5 公分的樋形蛋糕卷模
8×30 公分的方型慕斯框
矽膠烤盤
噴槍或白色噴霧罐
裝有（聖多諾黑）花嘴的擠花袋

曲型抹刀
漏斗型濾器
溫度計
電動攪拌機
網篩
尺

材料·6-8人份

留尼旺島香草打發甘那許
la ganache montée à la vanille de l'île de la Réunion（前 1 天製作）
留尼旺島香草莢 1 根
法式酸奶油（crème fraîche）250 克
法芙娜伊芙兒（ivoire）白巧克力 56 克
吉利丁 2.5 克（1.5 片）

覆盆子果漬 la compotée de framboise（前 1 天製作）
糖 56 克
NH 果膠 1.5 克
覆盆子果泥（或壓碎的覆盆子）250 克

栗子乳霜
le crémeux marron（前 1 天製作）
吉利丁 4 克（2 片）
糖 5 克
蛋黃 40 克（約 2 顆蛋）
全脂牛乳 75 克
栗子膏（pâte de marron）225 克
糖漬栗子泥（crème de marron）75 克
陳年蘭姆酒 5 克

熱那亞蛋糕體 le pain de Gênes
50% 杏仁膏 240 克
蛋 192 克（約 4 顆小蛋）
T55 麵粉 45 克
泡打粉 4 克
奶油 90 克

榛果酥頂 le streusel noisette
榛果粉 90 克
膏狀奶油 90 克
T55 麵粉 90 克
紅糖 90 克
鹽之花 3 克

留尼旺島香草慕斯 la mousse vanille de l'île de la Réunion
吉利丁 4 克（2 片）
蛋黃 47 克（約 5 顆小蛋）
糖 27 克
全脂牛乳 170 克
液態鮮奶油 170 克
留尼旺島藍香草莢 1 根

白絲絨霧面 le velours blanc
白巧克力 100 克
可可脂 100 克

裝飾
聖誕球
雪花

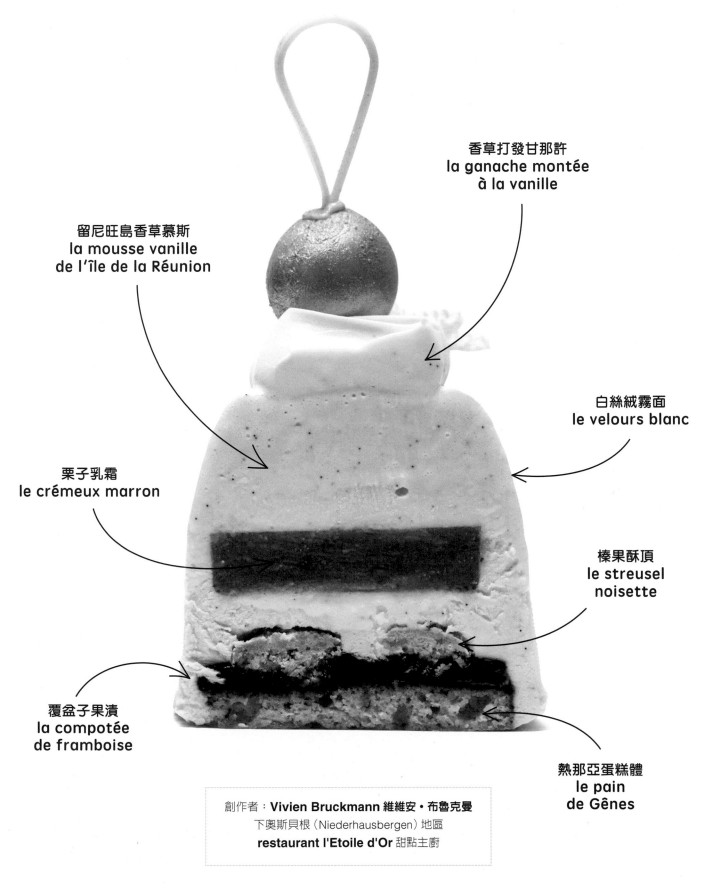

香草打發甘那許
la ganache montée
à la vanille

留尼旺島香草慕斯
la mousse vanille
de l'île de la Réunion

白絲絨霧面
le velours blanc

栗子乳霜
le crémeux marron

榛果酥頂
le streusel
noisette

覆盆子果漬
la compotée
de framboise

熱那亞蛋糕體
le pain
de Gênes

創作者：**Vivien Bruckmann** 維維安・布魯克曼
下奧斯貝根（Niederhausbergen）地區
restaurant l'Etoile d'Or 甜點主廚

香草打發甘那許（前 1 天製作）

1 將香草莢的籽刮下，將香草莢、香草籽和鮮奶油放入平底深鍋中，煮沸，熄火，浸泡 20 幾分鐘。用漏斗型網篩過濾奶油醬，將浸泡奶油醬秤重，如有需要可補充液狀鮮奶油，以回復原來的重量。將鮮奶油煮沸，倒入巧克力和以冷水泡軟，瀝乾的吉利丁中。用電動攪拌棒攪拌，冷藏保存。

覆盆子果漬（前 1 天製作）

2 混合糖和果膠。在平底深鍋中加熱覆盆子泥，接著分 3 次加入糖和果膠的混合物。煮至 103℃，冷藏保存。

栗子乳霜

（前 1 天製作）

3 用大量冰涼的水將吉利丁片泡軟。將糖和蛋黃攪拌至泛白。在平底深鍋中將牛乳煮沸，接著倒入打至泛白的蛋黃中，一邊攪拌。再全部倒回鍋中，煮至 83℃。加入瀝乾的吉利丁，用電動攪拌棒攪打，預留備用。在裝有攪拌槳的電動攪拌機碗中，混合栗子膏和糖漬栗子泥，接著混入細流狀倒入的英式奶油醬，用橡皮刮刀拌勻，接著拌入蘭姆酒。

4 倒入 8×30 公分的方形慕斯框，用曲型抹刀抹平，接著冷凍至少 3 小時。

熱那亞蛋糕體

5 在裝有攪拌槳的電動攪拌機碗中，將杏仁膏攪拌至軟化，接著 1 次 2 顆地加入蛋。一旦加入所有的蛋後，將攪拌槳換成球狀攪拌棒，以中速攪打 5 分鐘。

6 將麵粉和泡打粉過篩，用橡皮刮刀分 2 次混入先前的備料中。將奶油加熱至融化，接著將少許麵糊混入融化奶油中，再整個倒回麵糊中，輕輕拌勻。將麵糊鋪至約 1.5 公分厚，接著放入預熱至 170℃的烤箱烤 20 分鐘。從烤箱中取出，在網架上放涼。

榛果酥頂

7 將鋪在烤盤上的榛果粉放入預熱至 160℃的烤箱烘焙 8 分鐘。在裝有攪拌槳的電動攪拌缸中混合所有材料,擺在鋪有烤盤紙的烤盤上,在預熱至 150℃的烤箱烤 15 分鐘。

從烤箱中取出,放涼。

蛋糕體基底的組裝

8 切出 1 片 30×8.5 公分長方形的熱那亞蛋糕體。將覆盆子果漬用擠花袋擠在蛋糕體上,以曲型抹刀抹平。

9 撒上酥頂碎粒,接著冷凍 3 小時。

香草慕斯

10 用大量冰涼的水將吉利丁片泡軟。將糖和蛋黃攪拌至泛白。在平底深鍋中將牛乳和香草莢裡的香草籽煮沸,接著離火浸泡 20 分鐘。再次加熱,倒在打至泛白的蛋黃中,一邊攪拌。再全部倒回鍋中,煮至 83℃。加入瀝乾的吉利丁,用電動攪拌棒攪打,放涼。在裝有球狀攪拌棒的電動攪拌缸中,將鮮奶油打發成泡沫質地,接著在英式奶油醬降至 22℃時,將打發的鮮奶油混入。

11 直接將 325 克的香草慕斯倒入樋形模型中,並用曲型抹刀將慕斯鋪至模型邊緣。

組裝與裝飾

12 將長方形的栗子乳霜擺在慕斯中央，輕輕按壓，讓慕斯將栗子乳霜完全包覆，溢滿模型的四個角。

13 倒入額外 115 克的慕斯，鋪在整個夾心上，接著蓋上熱那亞蛋糕體、覆盆子果漬和酥頂的蛋糕體基底。輕輕按壓，冷凍 4 小時。

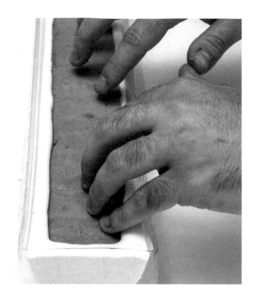

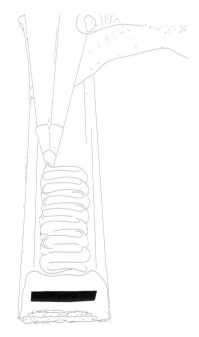

15 在裝有球狀攪拌棒的電動攪拌缸中，將香草甘那許打發，填入裝有聖多諾黑花嘴的擠花袋，接著擠在蛋糕卷表面。最後擺上裝飾（聖誕球和雪花）。冷藏保存 3 小時後再品嚐。

14 隔天，將蛋糕卷脫模在網架上，將白巧克力和可可脂一起加熱至融化，倒入噴槍中，噴在蛋糕卷表面和側邊，形成霧面。

注意
在融化的奶油中先混入少許麵糊，有利於接下來將奶油混入備料中。

Vivien Bruckmann
維維安‧布魯克曼

曾祖父母時代曾是家庭農場兼郵局，現在馬兒不再停下來喝水，已完全變身為維維安‧布魯克曼的祖父所設立的小酒館，和父親休伯特（Hubert）經營的餐廳。這位 24 歲的年輕糕點師加入家族廚房後，為餐廳的甜點帶來全新的趨勢和現代的觀點。在 Étoile d'Or 餐廳裡，甜點不在盤子裡，而是顧客可以在餐廳入口的櫥窗中探索能夠品嚐的甜點，也供應外帶。社群媒體讓口碑迅速傳開，附近的老饕快速湧入。在維維安‧布魯克曼眼中，蛋糕卷的創作是一種純粹的表達方式，就像實物大小的名片。2018 年，他在令人愉悦的慕斯、滑順的乳霜、熱那亞蛋糕體的柔軟，以及覆盆子果漬的清爽中加入了栗子撫慰人心的味道。這是一道既輕盈又可口的蛋糕卷。

Bûche quetsche & chocolat blanc cannelle-orange

肉桂柳橙白巧克力紫香李蛋糕卷

製作 3 小時 30 分鐘
加熱 55 分鐘
冷藏 一個晚上 + 3 小時
冷凍時間 一個晚上
2 天完成

用具
35×6×4.5 公分的樋形蛋糕卷模 2 個
（Exopan® 牌）
40×30 公分的方型慕斯框
德國紐結麵包（bretzel）形狀壓模

裝有花嘴（14 號花嘴）的擠花袋
網篩
電動攪拌機
厚度尺 2 支

材料 · 6人份蛋糕卷2個

熱那亞蛋糕體 le pain de Gênes
（前 1 天製作）

66% 杏仁膏 282 克
蛋 189 克（4 顆小蛋）
麵粉 24 克
玉米澱粉（fécule de maïs）24 克
泡打粉（poudre à lever）2.5 克
融化奶油 85 克

白巧克力打發甘那許
la ganache montée chocolat blanc
（前 1 天製作）

吉利丁 3 片
液態鮮奶油 750 克
肉桂棒 10 克
柳橙皮 1 顆
白巧克力 167 克

紅甜酥塔皮 la pâte sucrée rouge

奶油 144 克
糖粉 90 克
杏仁粉 30 克
鹽 1 撮
麵粉 240 克
脂溶性紅色食用色素 2 克
蛋 60 克（約 1 顆大的蛋）

肉桂紫香李果漬
la compotée de quetsche à la cannelle（前 1 天製作）

紫香李（quetsche）755 克
砂糖 52 克（水果用 38 克＋果膠用 14 克）
肉桂粉 1.5 克
果膠 8 克

酥餅 le sablé croustillant
酥餅麵團 la pâte sablée
室溫回軟奶油 54 克
鹽 1 克
糖粉 18 克
熟蛋黃（過篩成粗粒狀）2 克
麵粉 50 克
玉米澱粉 10 克
酥餅混合物 le mélange sablé croustillant
白巧克力 86 克
酥脆薄片（feuilletine 或法式薄餅碎片）92 克
烤好的酥餅 135 克

紅甜酥塔皮
la pâte sucrée rouge

肉桂紫香李果漬
la compotée de
quetsche à la cannelle

白巧克力打發甘那許
la ganache montée
chocolat blanc

酥餅
le sablé croustillant

熱那亞蛋糕體
le pain de Gênes

作品名稱：**Bûche Elsass 阿爾薩斯蛋糕卷**
創作者：**Thomas Helterlé 托馬斯・赫爾特雷**
Pâtisserie Helterlé，史特拉斯堡

熱那亞蛋糕體（前1天製作）

1 在裝有攪拌槳的電動攪拌機碗中放入杏仁膏，攪拌一會兒讓杏仁膏軟化，接著逐步混入蛋。打發至形成泡沫狀質地。

2 將麵粉、玉米澱粉和泡打粉過篩。輕輕混入先前的蛋糊中，最後加入融化奶油。將麵糊鋪在40×30公分的方形慕斯框中，放入預熱至180℃的烤箱烤約15分鐘。出爐後，放涼，切成5.5×35公分的2片。

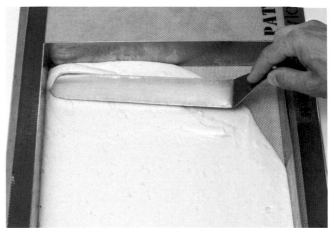

紫香李果漬（前1天製作）

3 將紫香李去核，切成4塊，接著和38克的糖、肉桂粉一起加蓋烹煮。煮好後，用電動攪拌棒稍微攪打，保留果粒狀。混合果膠和糖，接著用打蛋器快速攪拌，混入果漬中。再度煮沸，將果漬分裝至每個樋形蛋糕模中。

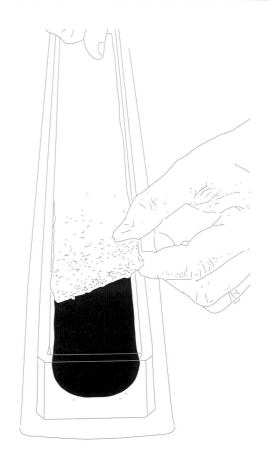

4 擺入條狀的熱那亞蛋糕體，冷凍保存一個晚上。

白巧克力打發甘那許（前 1 天製作）

5 用大量的冷水將吉利丁泡開。在平底深鍋中將鮮奶油煮沸，放入肉桂棒和橙皮，浸泡 20 分鐘。過濾，加熱至 45℃後，混入瀝乾的吉利丁片，慢慢和白巧克力混合，用電動攪拌棒攪拌，接著冷藏保存一個晚上。

酥餅麵團

6 在不鏽鋼盆中混合室溫回軟奶油、鹽和糖，混入剩餘的材料，攪拌至形成均勻麵團。薄薄地鋪在裝有烤盤紙的烤盤上，以 160℃烤至形成漂亮的金黃色。從烤箱中取出，在網架上放涼。

酥餅混合物

7 以小功率將白巧克力微波加熱至融化，接著和酥脆薄片和略為打碎的酥餅混合。

8 鋪在 2 根 1 公分高的厚度尺之間，形成間距 7×35 公分的酥餅。冷藏保存。

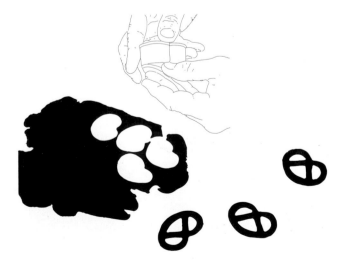

紅甜酥塔皮

9 在不鏽鋼盆或裝有攪拌槳的電動攪拌機碗中，混合膏狀奶油、糖粉、杏仁粉、鹽、麵粉和紅色食用色素。混入蛋，移至工作檯上，稍微壓平，蓋上保鮮膜，冷藏保存 1 小時。將麵團擀至極薄，接著用壓模裁成紐結形。擺在鋪有烤盤紙的烤盤上，放入烤箱，以 160℃烤約 20 分鐘。

組裝

10 在裝有球狀攪拌棒的電動攪拌缸中，將白巧克力甘那許打發 1 至 2 分鐘，接著倒入裝有花嘴的擠花袋。在酥餅上擠出 2 條甘那許。

11 在每片酥餅表面擺上紫香李果漬和熱那亞蛋糕體。

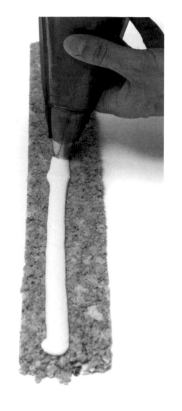

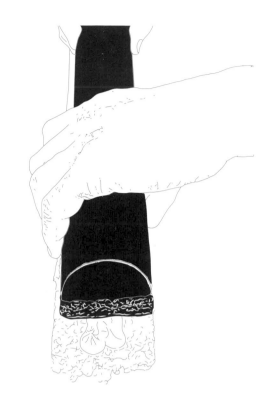

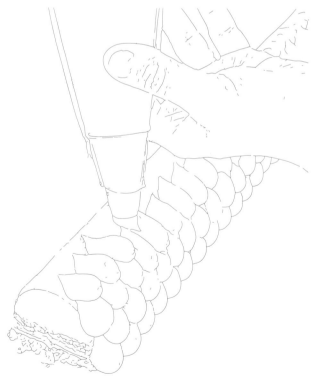

12 在蛋糕體的側邊分別擠出 4 排甘那許球。

13 用擠花袋在蛋糕卷表面擠出 1 排甘那許球。最後以紐結狀的紅甜酥塔皮裝飾。冷藏保存 3 小時後再品嚐。

Thomas Helterlé

托馬斯‧赫爾特雷

經過 15 年豐富的巴黎生活後（8 年在 L'hôtel Le Lutetia，並在此認識他的妻子；4 年在 Le Meurice 飯店），托馬斯‧赫爾特雷沒有猶豫太久便接受父親的提議，在父親準備退休時接管家族的糕點店。這對年輕夫妻於是在 2012 年提著行李來到史特拉斯堡，以確保 1983 年由尚‧米榭（Jean-Michel）創立的事業得以延續。經過 5 年的合作後，托馬斯‧赫爾特雷才開始獨立經營。櫥窗裡總是展示著忠實顧客，包括聖弗洛朗（Saint Florent）或日本人所喜歡，父親的糕點作品。也有一些托馬斯慢慢開始為顧客供應，較現代的甜點。例如許多人喜愛的塔派，總是反映出季節感。他的這道蛋糕卷與阿爾薩斯的聖誕節相呼應，採用柳橙和肉桂的香氣，並靈巧地結合酥餅、打發的甘那許，以及美味紫香李果漬的清爽，呈現不同的口感與味道。

Bûche glaçée choco-noisette
巧克榛果冰淇淋蛋糕卷

製作 3 小時 30 分鐘
加熱 30 分鐘
冷藏 30 分鐘
冷凍時間 一個晚上 + 6 小時
2 天完成

用具
12×24 公分的方形慕斯框
Venus 模（25×10×4 公分 Pavoni® 牌）
裝有（星形）花嘴的擠花袋
星形或雪花壓模
巧克力造型專用紙（Feuille guitare）

擀麵棍
曲型抹刀（Palette coudée）
刮刀（Exoglass® 牌或木製）
溫度計
尺

材料·8人份

可可酥 le crumble cacao
（前 1 天製作）
麵粉 150 克
可可粉 20 克
糖 100 克
奶油 90 克

酥片 le croustillant（前 1 天製作）
可可脂含量 64% 的黑巧克力 45 克
花生油 30 克
壓碎的可可酥（見上方）150 克
榛果碎 50 克
鹽之花 2 克

焦糖 le caramel（前 1 天製作）
砂糖 210 克
液態鮮奶油 105 克
奶油 75 克
烘烤的榛果粒 120 克

榛果芭菲 le parfait noisette
（前 1 天製作）
吉利丁 4 克（2 片）
牛乳 200 克
蛋黃 50 克（約 3 顆蛋）
砂糖 65 克（英式奶油醬用 40 克＋蛋白用 25 克）
榛果醬 140 克
可可脂含量 64% 的黑巧克力 70 克
脂肪含量 30% 的液態鮮奶油 150 克
蛋白 120 克（約 4 顆蛋）

巧克力軟蛋糕體
le biscuit moelleux au chocolat
花生油 88 克
可可脂含量 64% 的黑巧克力 63 克
玉米澱粉 48 克
砂糖 52 克
可可粉 5 克
泡打粉 2 克
全蛋 90 克（約 2 顆中型蛋）

脆皮鏡面 le glaçage croquant
可可脂含量 38% 的牛奶巧克力 500 克
可可脂 300 克
壓碎的可可酥（見左側）200 克

義式蜂蜜蛋白霜
la meringue italienne au miel
蜂蜜 150 克
水 50 克
蛋白 100 克（約 4 顆蛋）

巧克力裝飾 les décors chocolat
調溫完成的牛奶巧克力 80 克

最後修飾
烘烤的榛果 15 克

巧克力裝飾
les décors chocolat

義式蜂蜜蛋白霜
la meringue
italienne au miel

脆皮鏡面
le glaçage
croquant

榛果芭菲
le parfait
noisette

巧克力軟蛋糕體
le biscuit moelleux
au chocolat

焦糖酥片
le croustillant caramel

創作者：**Diego Cervantes** 狄亞哥・塞萬提斯
Patisserie Mi Cielo，波爾多

可可酥（前 1 天製作）

1 在電動攪拌機的攪拌缸中，用攪拌槳混合所有材料和軟化奶油。夾在 2 張烤盤紙之間，擀至 3 公釐的厚度。冷藏 30 分鐘。將上層的烤盤紙取下，在預熱至 160℃ 的烤箱中烤 23 分鐘。在常溫下放涼，接著用擀麵棍壓碎。

酥片（前 1 天製作）

2 在隔水加熱的不鏽鋼盆中，將巧克力和油加熱至融化，接著倒入剩餘的材料。用橡皮刮刀攪拌至形成均勻的混合物，接著倒入 12×24 公分的方形慕斯框，用曲型抹刀抹平，接著冷凍至少 3 小時。

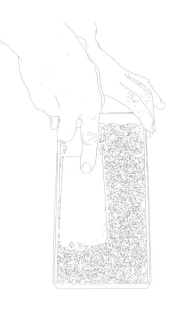

焦糖（前 1 天製作）

3 在平底深鍋中，以中火加熱，倒入相當於 2 大匙的糖，待糖融化後，再加入等量的糖，就這樣一直加至所有的糖都融化為止。用木刮刀或 Exoglass® 刮刀不停攪拌。繼續煮至焦糖稍微冒煙並形成漂亮的顏色。

4 待 30 秒後，離火，緩緩加入熱的液態鮮奶油，同時小心可能濺出的液體和噴發的蒸氣。一旦混入所有的鮮奶油後，加入小塊奶油。攪拌至均勻，接著在常溫下放涼。

5 加入榛果，拌勻後將焦糖倒在方形慕斯框中的酥片上。冷凍至少 3 小時。

榛果芭菲（前 1 天製作）

6 用冰涼的水將吉利丁泡軟。在平底深鍋中將牛乳煮沸。趁這段時間，在不鏽鋼盆中混合蛋黃和 40 克的糖。在牛乳煮沸時，倒入蛋黃和糖的混合物中，接著再全部倒回鍋中，煮至 83℃（如同英式奶油醬）。離火，混入泡軟並擰乾的吉利丁。

7 在不鏽鋼盆中，將熱的蛋奶醬倒入榛果醬和巧克力中，接著用打蛋器攪拌至均勻。在常溫下放涼。在甘那許達約 35℃時，在裝有球狀攪拌棒的電動攪拌缸中，將液態鮮奶油攪打至形成輕盈但不會太結實的質地。移至碗中，冷藏保存。在裝有球狀攪拌棒的電動攪拌缸中，將蛋白攪打至形成「鳥嘴」質地的蛋白霜，接著加入 25 克的砂糖。

8 用打蛋器將打發鮮奶油輕輕混入榛果巧克力甘那許中。

9 再將打發蛋白霜輕輕混入，並盡可能以舀起底部的方式混合均勻。

基底的組裝

10 將芭菲倒入模型中，用抹刀將慕斯鋪至模型邊緣。

11 將夾心的酥片切成 1 個 22×6 公分的長方形。擺入慕斯中，冷凍一個晚上。

巧克力軟蛋糕體

12 在平底深鍋中將花生油加熱至約 90℃，接著倒入預先擺在不鏽鋼盆內的巧克力中。巧克力一融化，就加入所有的粉類，用打蛋器攪拌至形成均勻的混合物。加入常溫蛋，再度攪拌，接著倒入擺在鋪有烤盤紙的烤盤，12×24 公分方形慕斯框中平整表面，接著放入預熱至 160℃ 的烤箱烤 8 分鐘。

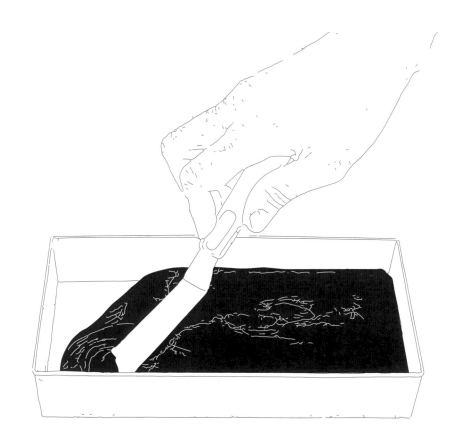

脆皮鏡面

13 將巧克力和可可脂一起隔水加熱至融化，接著加入可可酥，拌勻。保存在常溫下。

巧克力裝飾

14 將巧克力以微波加熱至融化，每次 30 秒，務必不要超過 30℃。將巧克力倒在巧克力造型專用紙上，接著用抹刀薄薄地鋪開，讓巧克力凝固。用壓模切割形狀。

組裝與裝飾

15 切掉蛋糕體鼓起的部分，讓蛋糕體完全平坦。將鏡面加熱至 40–45℃，接著倒入可容納榛果芭菲大小的容器中。

16 將榛果芭菲脫模，在芭菲的上部插入 2 把刀，接著將芭菲完全浸入脆皮鏡面中。

17 擺在烤盤紙上，將多餘的鏡面瀝乾，接著將芭菲擺在蛋糕體上。

18 製作義式蜂蜜蛋白霜。在平底深鍋中加熱蜂蜜，直到形成深琥珀色。離火，緩緩倒入溫水，同時格外小心濺出的液體，接著將鍋子重新開火，繼續加熱。在糖漿達 110°C 時，在裝有球狀攪拌棒的電動攪拌缸中，將蛋白打發成蛋白霜。在糖漿溫度達 117°C 時離火，將糖漿緩慢地倒入以中速攪拌的蛋白霜中。繼續以中速攪拌至蛋白霜完全冷卻。填入擠花袋，方便立即使用。

19 在蛋糕卷上擠出義式蜂蜜蛋白霜，最後用壓出漂亮形狀的牛奶巧克力片和榛果碎等進行裝飾。

Diego Cervantes

狄亞哥·塞萬提斯

儘管狄亞哥·塞萬提斯還記得祖母在聖誕夜為他端上的冰淇淋蛋糕卷，但這美味回憶並非讓他成為糕點師的主因。他是在某次到墨西哥拜訪父親，才萌生想當糕點師的想法。那時突然靈機一動，製作一些甜點來打發時間和賺點外快，後來回到法國，便決定要成為「真正」的糕點師。曾待過巴黎的 Angelina 和 Jacques Genin 等糕點店，但在南非的 Tasting Room 讓他更確定要和妻子布蘭卡一起在街區的舊酒吧開設 Patisserie Mi Cielo，並經過徹底翻新，以便設置實驗廚房和茶沙龍。玻璃櫥窗裡擺滿了來自當季水果靈感的作品，不添加色素，而且盡可能減少糖的用量。這道蛋糕卷介於秋冬之間，出色地結合榛果和巧克力的味道。吃進嘴裡，美妙的味道，和諧結合不可思議的口感，味蕾也不時感受到微妙的蜂蜜味。

Glossaire
詞彙表

Armoise 艾草

高 50 至 150 公分的常年生草本植物，屬於菊科家族（龍蒿和苦艾的家族）。葉片表面為深綠色，背面是毛絨絨的白色。莖的頂端有管狀黃色或淡紅色小花，因藥用特性而會和葉片一起使用，也因清新樟腦味和草澀味而用於料理中。可在亞洲食品雜貨店或有機商店中找到。

Bain-marie 隔水加熱

為了進行隔水加熱，在平底深鍋中裝水，以小火加熱至微滾，接著在鍋中放入如不鏽鋼盆等容器，用來將巧克力加熱至融化或加熱沙巴雍。無論如何，不鏽鋼盆的底部都不應碰到水。

Bergamote 佛手柑

佛手柑樹的果實，芸香科柑橘屬，外觀近似小柳橙。味道微酸，果皮富含具特色香氣的精油。

Beurre de cacao 可可脂

可可豆的非色素細胞中所含的脂肪。主要用於巧克力的製作。十九世紀以來，可可脂是經由可可膏液壓所形成。這是 1828 年由卡斯帕魯斯・范・豪騰（Casparus Van Houten）所發明的程序。可可脂會以錠狀或塊狀販售，並在 33-34℃的溫度下融化。

Cassonade 紅糖

直接從天然甘蔗汁結晶而來的糖。

Charbon végétal 植物碳

如椰子殼、木頭、稻草或堅果核等植物原料，燃燒所形成的黑色粉末。經常定義為「活性」，會再度以極高溫的溫度燃燒，以去除雜質和氣體，同時增加孔隙。因分子具有強大的吸收能量而可作為醫療用途，事實上植物碳從古代便是著名的天然過濾器，現在亦可作為天然色素而用於甜點和麵包的製作上。

Chemiser 鋪滿模型內壁

將備料鋪至模型內壁或底部，以利脫模，或是可避免麵糊產生氣泡，也可以讓脫模時形狀更完美。

Chocolat Ruby 紅寶石巧克力

巧克力商 Barry Callebaut 以獨特的紅寶石可可豆所製成的產品。這種可可豆可為巧克力帶來玫瑰紅色，以及近似白巧克力的味道。

Citron confit 糖漬柑橘

儘管市面上很容易找到糖漬柑橘，你還是可以自行製作。
材料：黃檸檬 2 顆、糖 200 克、水 100 克
在檸檬皮上戳洞，放入平底深鍋中，用水淹過，煮沸。煮沸 1 分鐘，接著將檸檬瀝乾，重複同樣的程序一次。在平底深鍋中將水和糖煮沸，以製作糖漿，接著熄火，放涼。將整顆檸檬浸入冷糖漿中，以小火煮沸。熄火，放涼。以同樣方式重複同樣的程序 10 次。將檸檬瀝乾，冷藏保存。

Codineige 防潮糖粉

以等量的糖粉和澱粉混合而來。防潮糖粉可撒在甜點上作為裝飾，而又不會被材料所吸收。

Cuire à la nappe 煮至濃稠附著

這個用語最常用來形容英式奶油醬（crème anglaise）的煮法。煮至濃稠附著意味著煮好時，備料會濃稠到可在刮刀上附著成薄層。為了確認烹煮程度，會用手指在浸過備料的刮刀上劃出一道痕跡，這道痕跡應保持清晰可見。

Émulsionner 乳化

混合兩種通常無法融為一體的溶液，例如油和水。這就是蛋黃醬，也是甘那許的原理。在甘那許的例子中，為了能成功乳化，建議從中央開始攪拌，以形成良好的乳化狀態。

Feuilletine 酥脆薄片

用來為夾心蛋糕提供酥脆的法式薄餅。

Floquer 噴上霧面

將備料霧化的動作，通常是以巧克力和可可脂為基底，使用噴槍噴在冷凍的多層蛋糕上。這霧化的程序形成符合糕點師美學的絲絨效果。

Foisonner 攪拌至膨脹

將液體或油脂快速攪打，以混入空氣；可用來製作例如香醍鮮奶油或泡沫蛋白霜的程序。

Gélatine 吉利丁

從動物（尤其是豬和牛）的皮，或從骨頭中含有的膠原蛋白所萃取的物質。吉利丁的外觀有片狀或粉狀。膠化能力以Bloom（凝結力值）表示；數字越高，膠化能力就越強。

主要分為：

La gélatine en poudre 吉利丁粉

一般而言，販售的吉利丁凝結力值可達200。使用時，吉利丁必須預先以其重量6倍的水量浸泡約20分鐘（1克的吉利丁搭配6克的水，即成為7克的吉利丁塊）。吉利力會混入微溫但不沸騰的液體，以免喪失膠化效果。

La feuille de gélatine 吉利丁片

常見一片的重量為2克，吉利丁片須以大量冷水浸泡10幾分鐘。接著加進通常為熱的備料中，但溫度不應低於45℃，也不能高於90℃。若要混入冷備料中，預先泡軟的吉利丁片必須以平底深鍋加熱至融化，或是微波幾秒讓吉利丁片剛好融化。

Gianduja 占度亞榛果巧克力

將烘焙榛果、糖粉和融化的牛奶巧克力的混合物反覆研磨而成的細緻滑順材料。

Glacer 淋上鏡面

為甜點鋪上中性鏡面或水果鏡面，以提供光澤，同時可避免氧化。在淋上鏡面之前，可將蛋糕卷擺在網架上，而網架則擺在烤盤或鋪有烤盤紙的烤盤上。

Glucose 葡萄糖

水果和大部分碳水化合物的食物中所含的單糖。今日的葡萄糖來自玉米、馬鈴薯或小麥澱粉水解而成。以黏液形式販售的葡萄糖稱為「葡萄糖漿」，因定型和防腐的性質而用於甜點及糖果的製作上。

Kinako 黃豆粉

炒熟的黃豆粉，傳統上在日本會用來沾裹麻糬。可在亞洲食品雜貨店或有機商店中找到。

Kumquat 金桔

原產自華中地區的柑橘類水果。鵪鶉蛋大小的橘色小果實，果皮細緻柔軟，果肉微酸。

Marron 栗子

栗子樹的果實。如果殼斗內只有一個果實，就是馬栗 marron（馬栗不可食用，但在法國一般與可食用的 châtaignes 都通稱作 marron）；如含有多個果實，就稱為栗子 châtaignes，這就是區分的方法。在甜點上會使用糖漬栗子 marron confit 或糖煮栗子 marron glacé：將果實水煮至軟化，接著浸泡在糖漿中緩慢地進行糖漬。接下來要區分的是無糖栗子泥（purée de marron）和栗子膏（pâte de marron），前者是以熟栗和約20%的水精磨而成，後者是添加了糖漿的栗子泥。糖漬栗子泥（crème de marron）較前兩種更甜，質地也柔軟許多。

Mélasse 糖蜜

無法結晶的糖溶液，從蔗糖或甜菜糖萃取並精煉而來。

Pectine NH NH 果膠

植物來源的碳水化合物，最常來自榲桲、蘋果、紅醋栗和柑橘類水果。通常萃取自乾燥的蘋果渣，並以粉狀形式販售。可使液體、奶油醬或水果軟糖膠化，但只在有酸性介質時才能發揮作用。為了避免在融合時產生結晶，會預先和糖混合。

Poudre de framboise 覆盆子粉

由脫水覆盆子研磨而成的粉末。粉末形式可輕易混入奶油醬、甘那許等。

Praliné 帕林內

杏仁、榛果或其他堅果的混合物，再以熟糖或焦糖研磨所形成的膏狀物。最常見的做法是先烘焙堅果，再以糖漿煮成砂狀；即在糖漿達120℃的溫度時加入堅果，接著不停攪拌至整個形成焦糖。

接著整個倒入烤盤或倒在大理石板上，待冷卻後進行研磨，可用石磨連續研磨，或是用專業的食物料理機（robot cutter）研磨。市售帕林內通常以杏仁和／或榛果為基底製成，但你也能以其他的堅果輕鬆自製帕林內：

praliné noix de cajou 腰果帕林內

<u>材料</u>：腰果 160 克、金合歡花蜜 60 克、酪梨油 20 克

在烤盤上鋪烤盤紙，鋪入腰果，如有需要可將蜂蜜稍微加熱，讓蜂蜜液化，然後倒在腰果上。用烤箱以 150℃烘焙 20 至 25 分鐘，蜂蜜應稍微上色。從烤箱中取出，放涼。將腰果從烤盤紙上剝離，接著擺在裝有刀片的電動食物料理機的碗中，攪拌至形成濃稠膏狀。分 2 次加入油，攪拌幾分鐘至整體均勻且質地平滑。移至密封的玻璃罐，在二周內食用完畢。

praliné pignon-amande 松子杏仁帕林內

<u>材料</u>：烘焙松子 150 克、烘焙杏仁 100 克、糖 250 克、水 75 克、鹽 1 克

在平底深鍋中，用糖和水製作糖漿，煮至溫度達 121℃，接著加入堅果，攪拌至形成砂狀。放涼，放入裝有刀片的電動食物料理機的碗中，攪拌至形成均勻膏狀。移至密封的玻璃罐，在二周內食用完畢。

Riz soufflé 爆米香

經熱壓而形成酥脆膨脹的米。可作為早餐穀片，亦可用來製作甜點中使用的酥片。

Sabler 形成砂狀

在 121℃的糖漿中加入堅果，攪拌至糖「結晶」，即糖在堅果周圍凝結。

Shiso 紫蘇

亦稱為日本羅勒的紫蘇，屬於唇形科。可從尖端的齒形紅葉加以辨識，長度約十幾公分。紫蘇因芳香的特性而常用於料理中，可與香菜、肉桂，以及少許的柑橘水果混合使用。

可在亞洲食品雜貨店或有機商店中找到。

Sucre blond 金砂糖

蔗糖糖漿去除糖蜜並結晶後所形成的糖。介於白糖和紅糖之間。

Sucre cristal ／ semoule 白糖／砂糖

從甘蔗或甜菜萃取的碳水化合物，亦稱為蔗糖，外觀是不同顆粒大小的結晶體。細粒的稱為「砂糖」，而白糖的直徑較大。

Sucre glace 糖粉

將砂糖磨至形成極細的粉末。經常會添加 2 至 3% 的玉米澱粉，以免結塊，因為糖粉很容易吸收空氣中的水分，因此也被稱為澱粉糖。

Sucre muscovado 黑糖

未精製甘蔗汁結晶所形成的糖。因此富含礦物質，而且極為美味。可帶來焦糖、甘草和香草香。

Tempérer 調溫

運用巧克力精確的溫度曲線，以便在重新凝固時保存巧克力的光澤、清脆度和入口即化的柔軟度。這就是裝飾成功的祕訣，但也適用於巧克力磚或巧克力糖衣。每一種巧克力，無論是黑巧克力、牛奶巧克力，還是白巧克力，都必須使用以下的溫度循環：加熱 – 冷卻 – 加熱。黑巧克力必須加熱至 55/58℃，再降溫至 28/29℃，接著再加熱至 31/32℃。像這樣處理完畢的黑巧克力便可供使用。牛奶巧克力的曲線是 45/50℃、27/28℃，接著是 29/30℃。白巧克力則是 45/50℃、26/27℃，接著是 28/29℃。

Texture « de ruban »「緞帶狀」質地

這是用來形容麵糊流下時會形成緞帶狀，質地柔軟黏稠的意思。

Torréfier 烘焙

讓可可豆、堅果等材料承受略高的熱度，以增加風味。至於堅果的烘焙，往往可用烤箱以 140℃至 160℃的溫度烤 10 至 20 分鐘。

Yuzu 柚子

原產自中國，但主要種植於日本的柑橘類水果。果實的外觀就像是果皮浮腫的小型葡萄柚，成熟時顏色會變為黃色。味道近似葡萄柚，並帶有橘子香。

Fournitures
烘焙用品

Sites Internet 相關網站

烘焙專門用具和食材

www.cook-shop.fr

www.cuisineaddict.com

www.cuisineshop.fr

www.cultura.fr

www.deco-relief.fr

www.laboetgato.fr

www.leroymerlin.fr

(pistolet à peinture pour le flocage 霧面噴槍)

www.mathon.fr

www.meilleurduchef.com

www.topcake.fr

Pour la vanille, la fève tonka et les épices

香草、零陵香豆和香料

www.epices-roellinger.com

www.thiercelin1809.com

Magasins 商店

Déco relief

6 rue Montmartre, 75002 Paris

G. Detou

58, rue Tiquetonne, 75002 Paris

Mora

13, rue Montmartre, 75001 Paris

Cultura 和 Truffaut 連鎖店也可找到糕點相關的食材用具。

Adresses
20家名店資訊

BOULANGERIE BÔ
(Olivier Haustraete)
85 bis, rue de Charenton, 75012 Paris
01 43 07 75 21
www.instragram.com/boulangeriebo/

BOULANGERIE UTOPIE
(Erwan Blanche & Sébastien Bruno)
20, rue Jean-Pierre Timbaud, 75011 Paris
09 82 50 74 48
www.facebook.com/Boulangerie-
Utopie-847556035308522/

BRICOLEURS DE DOUCEURS
(Clément Higgins)
202, chemin du Vallon de l'Oriol,
13007 Marseille – 09 86 35 23 92
www.bricoleursdedouceurs.fr

DALLOYAU PARIS – SALON DE THÉ
(Jérémy Del Val)
101, rue du Faubourg-Saint-Honoré,
75008 Paris
01 42 99 90 08
www.dalloyau.fr

L'ÉTOILE D'OR
(Vivien Bruckmann)
1, rue de Hoenheim,
67207 Niederhausbergen
03 88 56 26 07
www.instagram.com/
patisseriebruckmannvivien/

GÂTEAUX D'ÉMOTIONS
(Philippe Conticini)
37, rue de Varenne, 75007 Paris
01 43 20 04 99
www.philippeconticini.fr

HÔTEL DU COLLECTIONNEUR
(Bryan Esposito)
51–57, rue de Courcelles, 75008 Paris
01 58 36 67 00
www.hotelducollectionneur.com

HUGO & VICTOR (Hugues Pouget)
40, boulevard Raspail, 75007 Paris
01 44 39 97 73
www.hugovictor.com

JEAN-PAUL HÉVIN
23bis, avenue de la Motte-Picquet,
75007 Paris
01 45 51 77 48
www.jeanpaulhevin.com

**LE JARDIN PRIVÉ – HÔTEL
NOVOTEL LES HALLES**
(Quentin Lechat)
8, place Marguerite de Navarre
75001 Paris
01 42 21 31 31
www.novotelparisleshalles.com

MASATOSHI TAKAYANAGI
12, rue du Tertre, 72100 Le Mans
09 52 45 07 47
www.takayanagi.fr

MI CIELO
(Diego Cervantes)
13, boulevard Pierre 1er,
33110 Le Bouscat
05 33 48 94 49
www.micielopatisserie.com

PÂTISSERIE HELTERLÉ
96, route de Mittelhausbergen,
67200 Strasbourg
03 88 27 03 21
www.patisseriehelterle.fr

PHILIPPE BERNACHON
42, cours Franklin Roosevelt, 69006 Lyon
04 78 24 37 98
www.bernachon.com

PIÈR-MARIE LE MOIGNO
8, rue Victor Massé, 56100 Lorient
02 97 55 44 78
www.patisserie-piermarie.com

PIERRE HERMÉ
72 (pâtisseries, macarons et chocolats)
& 61 (salon de thé), rue de Bonaparte,
75006 Paris
01 43 54 47 77
www.pierreherme.com

SÉBASTIEN GAUDARD
22, rue des Martyrs, 75008 Paris
& 1, rue des Pyramides, 75001 Paris
01 71 18 24 70
www.sebastiengaudard.com

SYLVAIN DEPUICHAFFRAY
66, rue Grignan, 13001 Marseille
04 91 33 09 75
www.sylvaindepuichaffray.fr

UN DIMANCHE À PARIS
(Nicolas Bacheyre)
8, cours du Commerce Saint-André,
75006 Paris
01 56 81 18 18
www.un-dimanche-a-paris.com

YANN COUVREUR
137, avenue Parmentier, 75010 Paris
et 23 bis, rue des Rosiers, 75004 Paris
www.yanncouvreur.com

Index
索引

REMERCIEMENTS 致謝

感謝 Rose-Marie Di Domenico 發起這項成果令我感動的計畫。

感謝 Iris Odier，和她一起共事總是令我獲得極大樂趣，她的體貼、溫柔和嚴謹永遠令人著迷。

極度感謝 Fabien Breuil 在製作這本書時付出的努力和合作。他的專業、靈活、適應性和幽默感都是他寶貴的優勢。

我衷心並真誠地感謝每位願意參與這趟冒險的糕點師，感謝大家寶貴的時間。配方的製作，和有時相當漫長的拍攝過程。
也很感念每個與我們擦身而過的店家團隊，感謝他們總是親切地接待我們。

系列名稱 / EASY COOK

書 名 / 法國名店蛋糕卷 BÛCHES

作 者 / Philippe Conticini菲力浦・康蒂奇尼、 Jean-Paul Hévin尚保羅・艾凡、

Pierre Hermé皮耶・艾曼、Yann Couvreur揚・庫弗...等

撰文 / Michel Tanguy 攝影 / Fabien Breuil

出版者 / 大境文化事業有限公司

發行人 / 趙天德

總編輯 / 車東蔚

文 編 / 編輯部

美 編 / R.C. Work Shop

翻 譯 / 林惠敏

地 址 / 台北市雨聲街77號1樓

TEL / (02)2838-7996

FAX / (02)2836-0028

初 版 / 2020年11月

定 價 / 新台幣 540元

ISBN / 9789869814270

書 號 / E119

讀者專線 / (02)2836-0069

www.ecook.com.tw

E-mail / service@ecook.com.tw

劃撥帳號 / 19260956大境文化事業有限公司

Bûches, à l'école des pâtissiers

國家圖書館出版品預行編目資料

法國名店蛋糕卷 BÛCHES

Philippe Conticini菲力浦・康蒂奇尼、 Jean-Paul Hévin尚保羅・艾凡、

Pierre Hermé皮耶・艾曼、Yann Couvreur揚・庫弗...等 著；初版；臺北市

大境文化；2020；144面；22×27公分（EASY COOK：119）

ISBN 97898698142470

1.點心食譜 427.16 109014897

Photographies © Fabien Breuil
Création graphique et illustrations Moshi Moshi Studio
Mise en page Transparence
Préparation de copie Aurélie Legay
Correction Odile Raoul

全書文、圖局部或全部未經同意不得轉載、翻印，或以電子檔案傳播。

本書如有缺頁、破損、裝訂錯誤，請寄回本公司調換